日本海　その深層で起こっていること

蒲生俊敬　著

ブルーバックス

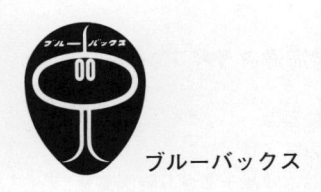

制作協力：東京大学海洋アライアンス

カバー装幀／芦澤泰偉・児崎雅淑
カバーイラスト／サダヒロカズノリ
本文デザイン・図版制作／鈴木知哉＋あざみ野図案室

プロローグ

ぼくたちの住む日本列島と、その北西側に広がる日本海とは、切っても切れない〝強い絆〟で結ばれています。

小松左京《こまつさきょう》による空想科学小説に『日本沈没』（1973年刊行）があります。日本列島周辺の地殻・マントルに大規模な異変が起こり、日本列島がそっくり海に沈んでしまう話です。上・下巻あわせて約400万部という空前のベストセラーとなり、1973年と2006年の二度にわたって映画化されました。テレビドラマやラジオドラマにもなりましたから、ご記憶の方も多いことでしょう。

『日本沈没』はもちろん架空の話です。しかし、もしこれが本当に起こったとして、日本列島がなくなってしまったら、日本海はどうなるでしょう？　日本海を太平洋から区分けしている日本列島という陸地がなくなるのです。日本海とよばれていた海域は太平洋に飲み込まれ、「日本海」という名称もまた、消失してしまうに違いありません。

では、その逆の、「日本海がなくなる場合」はどうでしょうか。そもそも日本列島は、かつてユーラシア大陸の一部でした。日本列島が大陸から離れたのは、今から1500万〜2000万年ほど前のことで、両者のあいだにできたのが日本海です。日本海が存在しないとなれば、日本列島はふたたび、ユーラシア大陸と一体化しなければなりません。こんどは、「日本列島」という名称が意味を失うことになるでしょう。

日本海はあって当たり前、空気のような存在としてしか意識していない方も多いと思います。しかし、ちょっと待ってください。日本海は日本列島にさまざまな恩恵をもたらしてくれる、ぼくたちにとってなくてはならない大切な存在なのです。本書では、日本海の秘める「おどろきの働き」をご紹介しながら、日本海の重要性についてさまざまな角度からお話ししていきたいと思います。どうぞ最後まで、お付き合いください。

その前に自己紹介を。ぼくはごくふつうの（――と、自分では思っていますが）海洋の研究者で、人付き合いは苦手ですが、性格はいたって楽天的なB型人間です。東京大学の柏キャンパスにある大気海洋研究所に勤務しています。四十数年前に理学部の化学科を卒業したぼくは、大学院生としてこの研究所の門をたたき（当時は中野キャンパスの「海洋研究所」でした）、それ以後の人生の大半をこの研究所ですごしてきました。地球表面の7割におよぶ、この巨大で、謎に満ちた海に興味を惹かれ、以下のような化学的観点から、海洋観測と研究三昧の日々を送ってきたのです。

海水の化学的性質は、水温や塩分も含めて、海を特徴づける最も基本的な要素です。海水の主成分が塩化ナトリウム（食塩）であることはよく知られていますが、ほかにもカルシウムやマグネシウム、鉄・亜鉛・銅といった金属元素、ウランやプルトニウムのような放射性元素、酸素や二酸化炭素などの気体成分……と、地上に存在するあらゆる元素や化合物が少しずつ溶け込んでいます。

それらの各物質については、正確な濃度はどのくらいなのか、どんな濃度分布をしているのか、時間的・空間的にどんな変化をしているのか、そして海洋の循環や生物の活動、海洋汚染、海底熱水活動、地球温暖化などの諸現象と、どこでどう関わっているのか……等々、ぼくたちの住む地球の環境を知るうえで重要な研究テーマが目白押しです。問題を解く第一の手がかりは、なんといっても実測データです。研究船による調査航海に参加して、試料を採取します。そして船上や陸上の実験室で精密な化学分析を行い、データを蓄積していきます。

太平洋やインド洋といった広大な外洋域を対象に研究を進めるかたわら、日本の近海、特に日本海を調査する機会も多く、これまでに計8回、日本海での研究航海に参加しました。

研究船で初めて日本海を訪れたのは１９７７年で、もう40年近く前のことになります。当時のぼくは、研究が少しずつ軌道に乗り始めた大学院博士課程の学生でした。日本海は本州と隣接しているので、他の海洋に比べてアクセスが容易です。木戸を開ければすぐ目の前にある庭のように、身近で親しみを感じさせてくれる海。冬を除けば、海面はおおむねおだやかで、船が大揺れすることも少なく、調査・研究がはかどります。

その第1回の航海で、日本海の、深さ3000メートルを超える深海から大量の海水を採取し、その中に含まれる放射性核種の炭素－14を初めて計測しました。そのデータから、日本海の深層循環の時間スケールを初めて決定することができ、この成果を中心に博士論文をまとめました。

面積だけをみれば、日本海は全海洋のたった0・3パーセントを占めるにすぎません。無視されてもしかたのないミニサイズです。ところがどうして、日本海は独立した海洋としての機能をりっぱに備えているのです。

今から20年前、岩波書店発行の月刊誌「科学」に、日本海に関する小論を寄稿したことがあります。その中で「日本海の深層循環系は、それだけで完結しているという点で、世界の海洋大循環系のひとつのミニチュア版とみることができよう」と書きました。正直にいえば、そのときは「ちょっといいすぎかな」という不安ももっていました。

しかし──、この着想は幸い、その後の20年間に蓄積された国内外のさまざまな観測データとのあいだに齟齬《そご》を生じることなく、日本海のキャッチフレーズとして「ミニ海洋」が人口に膾炙《かいしゃ》するようになりました。そればかりか、日本海は〝炭坑のカナリア〟として世界中の海にこれから現れてくる環境変化を先取りし、ぼくたちに警告を発してくれる頼もしい海であることから、わが国のみならず、海外の多くの研究者からも注目される存在となっています。

過去に目を向けてみると、ぼくたちの祖先は、日本海の恵みをめいっぱいに受けたこの日本列島で、高度な独自の文化を発展・成熟させてきました。

地球は、太陽からほどよい距離にあるおかげで、生物にとって住みやすい環境が保たれているとよくいわれます。日本列島もまた、ユーラシア大陸から近すぎず遠すぎず、実にほどよい場所に位置しています。つまり、「日本海のサイズ」がまさに絶妙なのです。

もし日本海と日本列島との位置関係が今のようでなかったら、日本列島の環境や、そこに住むぼくたちの歴史や文化は、大きく異なっていたことでしょう。大げさではなく、「今とは違う日本」になっていた可能性があるのです。

日本列島の成り立ちとぼくたちの暮らしに深く、本質的な影響を及ぼしてきた日本海。「ミニ海洋」として世界中の注目を集める日本海。最も身近なこの海には、どのような謎が隠されているのでしょうか。

それでは早速、ふしぎの海・日本海へと、船出することにいたしましょう。

日本海　その深層で起こっていること――もくじ

第3章 「日本海独自の海水」があった!
——探索された風呂桶の深部 53

第4章 日本海の来歴
——どう生まれ、どう姿を変えてきたのか 89

第5章 「母なる海」日本海
——この海なくして日本はなかった 121

第1章

日本海とはどのような海か

ユーラシア大陸と日本列島に囲まれた日本海は、西太平洋に居並ぶ「縁海」の一つで、その最大水深（約3800メートル）は外洋なみに深い。きわめて閉鎖的な地形の中で、周囲から独立した海水循環系の形成されていることが、大きな特徴の一つとなっている。

冬季、シベリアから吹きつける寒冷で乾燥した北西季節風は、日本海の深部にいたる海水の循環を引き起こす。同時に、日本海から大量の水を吸い上げて日本列島に積雪をもたらし、湿潤で緑あふれる環境を保持している。

1-1 日本海は北西太平洋の「深い風呂桶」

日本海のように、大陸の外縁にあって、島や半島によって大洋から区切られた閉鎖的な海域のことを「縁海《えんかい》」とよびます。

北太平洋の西端域には、たくさんの縁海があります。図1-1を見てください。北から南に向かって、オホーツク海、日本海、黄海・東シナ海、南シナ海、スールー海、セレベス海と、似かよった大きさの縁海がずらりと並んでいることがわかります。

縁海の一つひとつを、風呂桶に喩《たと》えてみます（大きな太平洋はさしずめ、競技用プールといったところでしょうか）。風呂桶は、浅いものから深いものまでさまざまです。本書の主人公である日本海はどうでしょうか？『理科年表』を調べてみると、平均水深が1667メートル、最深部の深さは3796メートルとあります。

このような日本海の数値は、全海洋の平均水深＝3800メートル、最大水深＝1万920メートル（マリアナ海溝）などに比べれば半分以下ですが、日本周辺の他の縁海の平均水深（黄海・東シナ海の272メートル、オホーツク海の973メートルなど）と比較すると、ずっと深いことがわかります（数値はすべて『理科年表』による）。日本海の最大水深とされる3796

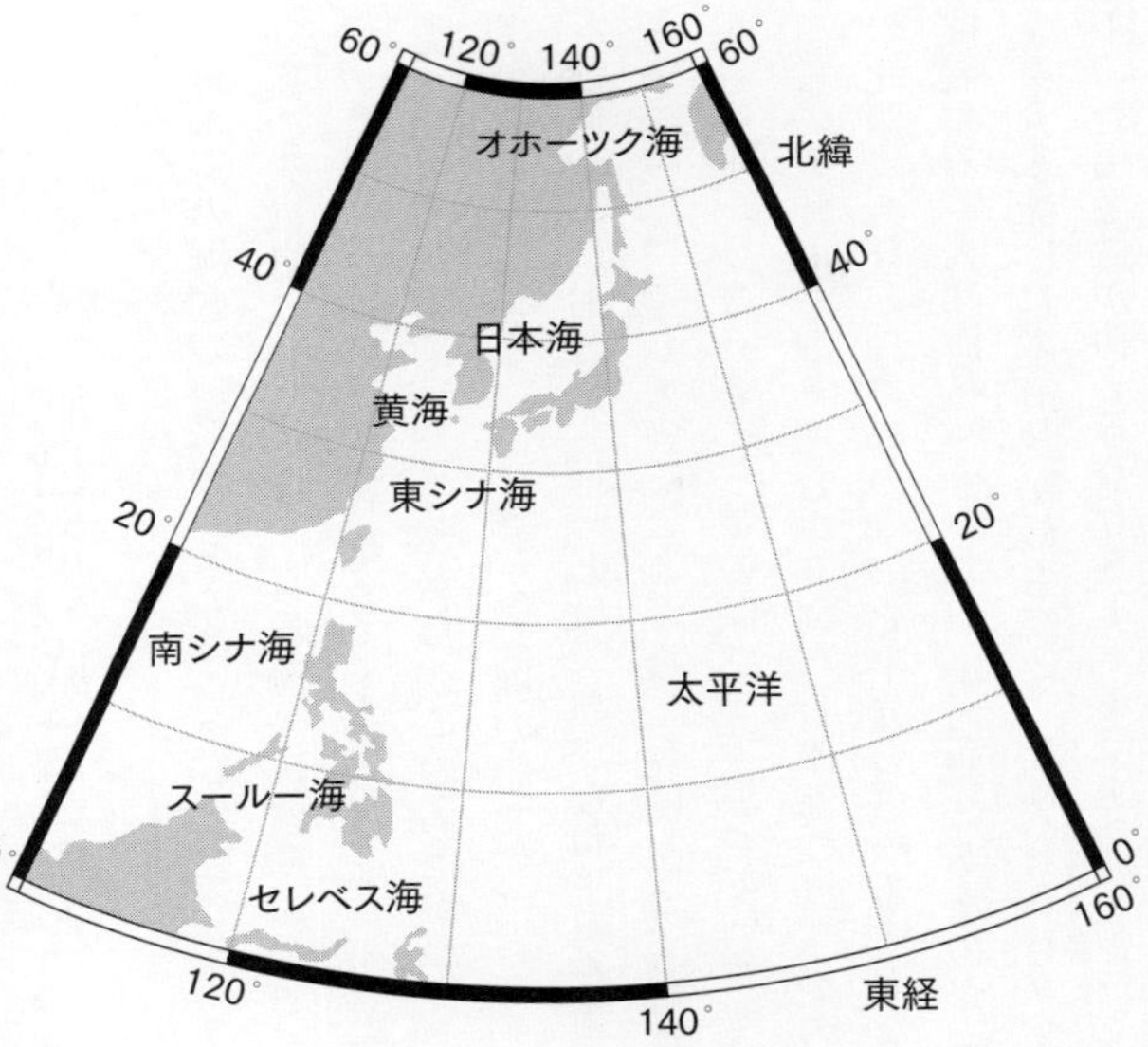

図1-1：北太平洋の西端域は「縁海」の宝庫　日本海もその1つ。

メートルは、わが国第一の高山・富士山（標高3776メートル）がすっぽり隠れてしまうほどの深さです。

日本海の表面積は1・0×10^6平方キロメートルです。これは、全海洋の表面積（362×10^6平方キロメートル）の、ほぼ0・3パーセントにすぎません。

また、日本海の体積は1・7×10^6立方キロメートルで、全海洋の体積1350×10^6立方キロメートルの0・13パーセントです。海洋全体に比べて、日本海がほんとうに小さな海であることがよくわかります。

1-2 風呂桶の底はどうなっている？——日本海の海底地形

日本海の海底の地形はどうなっているのでしょうか。図1-2をご覧ください。

真っ先に目につくのは、日本海のほぼ真ん中で、海底がこんもりと盛り上がっていることです。この隆起部は、「大和堆《やまとたい》」とよばれます。1924年にこの海域を調査した帝国海軍の測量艦「大和」が発見したことから、この名前がついています（太平洋戦争末期に撃沈された戦艦「大和」と同名ですが、もちろん別の船です）。

海底地形における「堆」とは、おおむね平坦な頂をもつ海底の高まり（海山《かいざん》）のことです。魚介類の棲息に適していることから、しばしばよい漁場となっています。大和堆の頂上部は、海面からわずか236メートルの深さまで迫っています。

この大和堆を取り囲むように、日本海には三つの「海盆」（海の盆地）が存在します。大和堆の北側にあり、日本海のほぼ北半分を占める広大な海盆である「日本海盆」、大和堆の南東側に位置する「大和海盆」、そして、南西側にあるのが「対馬《つしま》海盆」です。

最大水深は日本海盆が最も深く、約3800メートル、次いで大和海盆が約3000メートル、対馬海盆が約2600メートルです。いずれも、海図等に記載された水深値や、これまでに

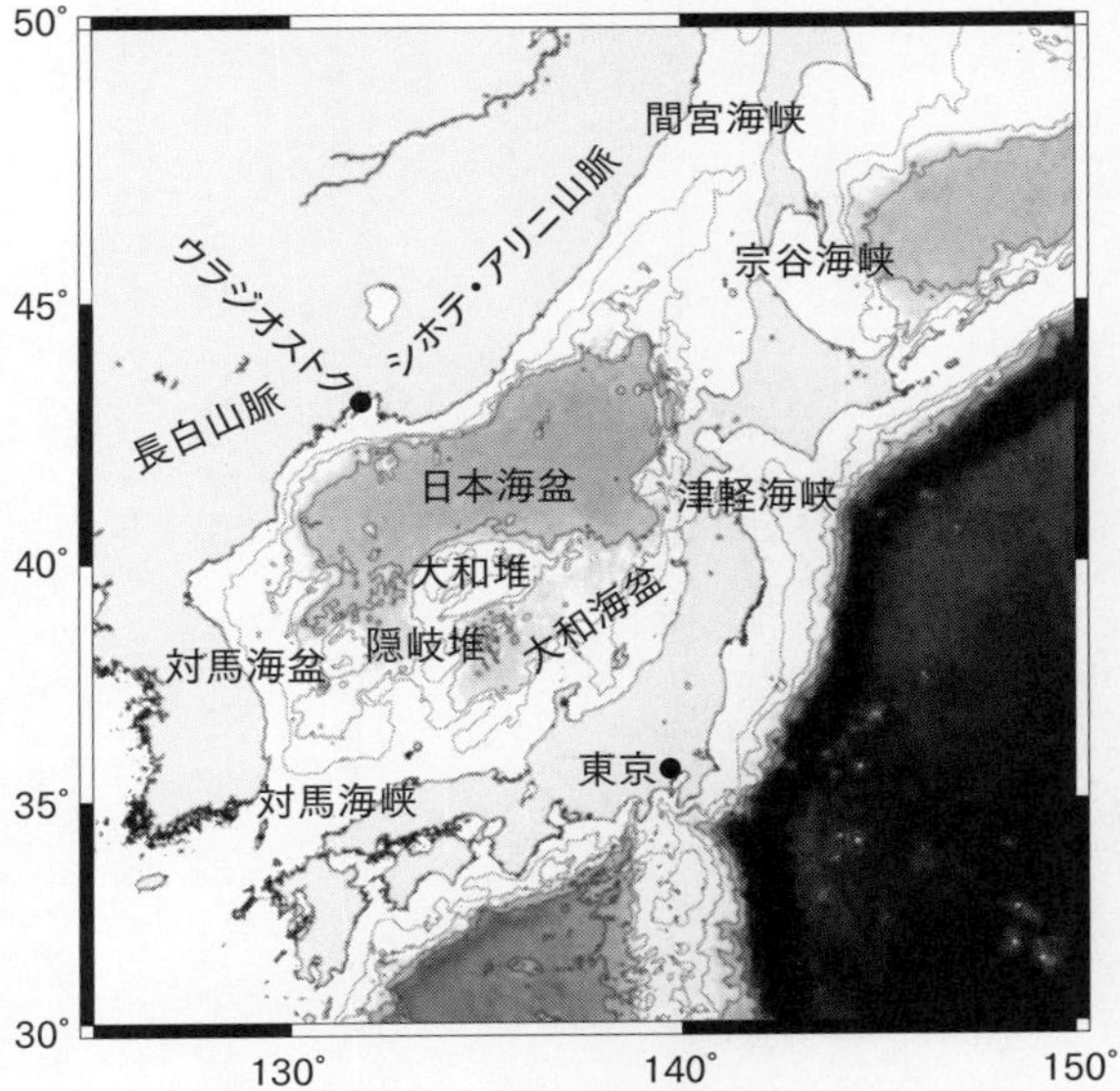

図1-2：日本海の海底地形と、周辺の海と日本海をつなぐ4つの海峡

実施した観測航海における測深データから推定した数値です。

大和海盆と対馬海盆を隔てている地形の高まりは「隠岐《おき》堆」とよばれ、その南側に隠岐諸島が連なっています。

隠岐堆と大和堆による海底の高まりが、日本列島から北に向かって、曲がったスプーンのような形で突き出ています。偶然ではありませんが、この曲がったスプーンは、ちょうど能登半島の形を日本海に拡大投影したように見えるのが面白いですね。

このように、日本海の海底面——この深い風呂桶の底面——は、つるりと平坦なのではなく、大和堆と隠岐堆という大きな出っ張りをもっています。

そして、四つの海峡——北から「間宮（タタール）海峡」、「宗谷海峡」、「津軽海峡」、および「対馬海峡」——が、日本海と周囲の海域をつないでいます（正確には関門海峡も存在しますが、他の4海峡に比べて規模が小さいため、以下の話では省略します）。

1-3 日本海はなぜ、潮の満ち引きが少ないのか

ここで注目したいのが、四つの海峡の深さです。海峡は、隣り合う海と海を隔てる「敷居」に相当します。よく「敷居が高くて、またげない」などといいますね。敷居が高ければ高いほど、水深の浅い海水しか、そこを通り抜けることはできません。

間宮海峡、宗谷海峡、津軽海峡、および対馬海峡の水深は、それぞれ約10メートル、50メートル、130メートル、および130メートルです。日本海の平均水深である1667メートルと比べてみてください。たいへん浅い（敷居が高い）ことがよくわかります。

つまり、日本海という風呂桶は、隣接する海とのあいだに細いつなぎ目（海峡）を4ヵ所もっていますが、どのつなぎ目もきわめて浅いのです。この海峡の浅さ、つまり強い閉鎖性をもっていることが、日本海の特徴として真っ先に挙げるべき重要なポイントです。

図1-3：伊根の「舟屋」　干満の差が少ない日本海沿岸の湾内ならではの風景（写真提供：アールクリエイション／アフロ）。

あとで詳しくお話しするように、これは単に地形だけの問題にとどまらず、日本海の内部で起こる海水の動きや、海水の化学組成なども密接に関わってきます。

身近な一例を挙げれば、日本列島の日本海側は太平洋側に比べ、潮汐《ちょうせき》（潮の満ち引き）の非常に小さいことが知られています。たまたま目についた最近の事例ですが、ある大潮の時期に、同じ青森県でも太平洋に面した八戸では干満の差が130センチメートルもあるのに、日本海に面した深浦では、わずか20センチメートル程度しか海面が変化しません。

その原因は、日本海の閉鎖性の強さ、つまり、海峡の浅さにあります。満潮や干潮のとき、日本海の海水面が上昇したり、あるいは低下したりするためには、周囲の海から海水が流れ込んだり、あるいは逆に流れ出したりしなければなりません。

しかし、日本海のもつ四つの海峡がいずれも浅く、海水の通り道が小さいために、短時間のうちに大量の海水を通過させることはできません。その結果、日本海では、潮汐による海面の上がり下がりが、ごく小規模に抑えられてしまうのです。

干満が小さいことは潮干狩りには不向きですが、海岸線ギリギリまで家を建てられるメリットもあります。たとえば、京都府の若狭湾西部にある伊根の「舟屋」は、海辺に浮かぶ集落として人気の高い観光スポットになっています（図1-3）。

1-4 日本海はなぜ、水産資源が豊富なのか
——暖流と寒流が出会う場所

現在の日本海に、外部の海から流れ込む海流はただ一つしかありません。図1-4に示すように、それは対馬海峡を経由して流れ込む「対馬暖流」です。

この対馬暖流の存在こそ、日本海を特徴づける第二の重要なポイントです。対馬暖流はこのあと、本書のいろいろな場面に登場します。

対馬暖流の起源を探ると、そこには二つの海流が関わっていることがわかります。一つは、九

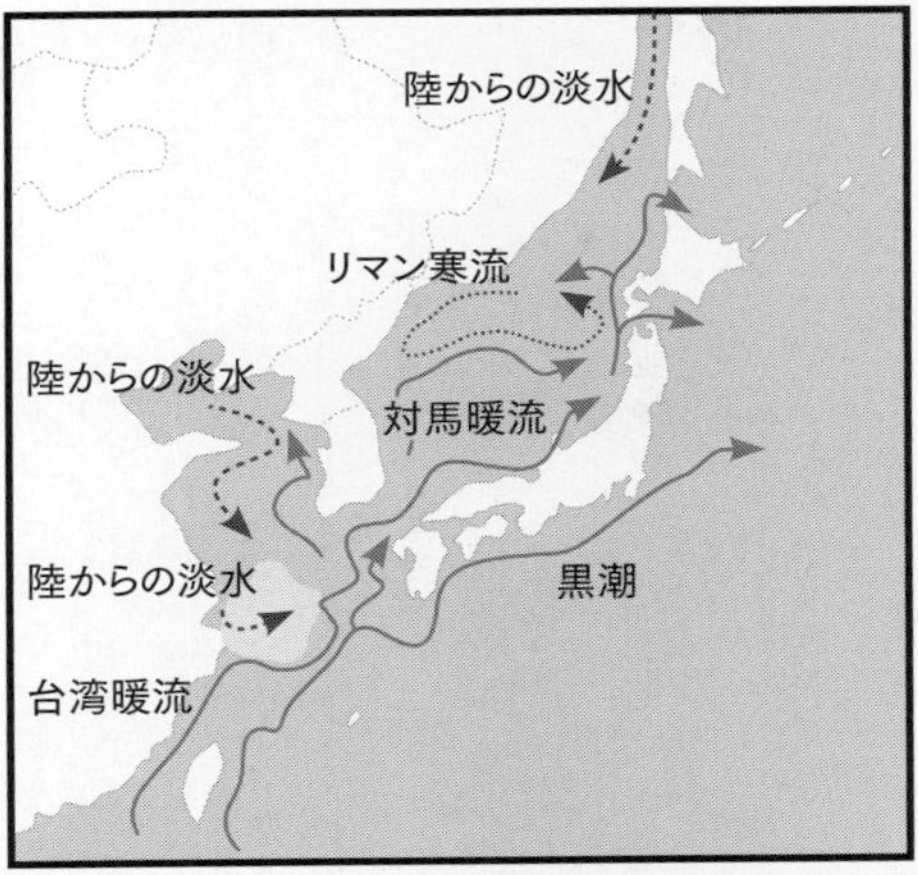

図1-4：日本列島周辺の海流図（原図は千手智晴による）　日本海に流れ込む唯一の海流が対馬暖流。

州南方で黒潮本流から分かれたと考えられる黒潮系の暖流、もう一つは、台湾海峡付近から北上し、長江由来の陸水を取り込みながら日本海に向かう台湾暖流です。

これら二つの海流が対馬海峡付近で合流し（両者の混合比は、季節によって異なると考えられています）、日本海に流れ込みます。本州南岸に沿って流れる黒潮に比べると、対馬暖流の流量は約10パーセント、流速は４分の１程度です。

この暖流が、日本列島の日本海側に温暖な気候をもたらしてくれます。また、塩分が比較的高い黒潮の性質を日本海の表面水にもたらすことで、日本海を上下に攪拌《かくはん》するのに必要な高密度表面水の形成を助ける役割を果たしています（詳しくは後述）。

対馬暖流は、枝分かれしたり渦を形成したりしながら、約2ヵ月をかけて日本海を縦断し、津軽海峡や宗谷海峡から太平洋へと流れ出していきます。日本列島、特に日本海側の温暖で湿潤な気候は、この対馬暖流に負うところが非常に大きくなっています。

また、対馬暖流の一部は、日本海の北端部、すなわち間宮海峡まで北上し、そこで冷却されます。そこに、アムール川起源の寒冷な淡水が加わることでさらに冷たい水塊となり、日本海の北西部をユーラシア大陸に沿って南下してきます。「リマン寒流」とよばれる海流です（図1-4参照）。互いに逆向きに流れる対馬暖流とリマン寒流がすれ違う境目は、急激に温度や塩分が変化する「亜寒帯前線」とよばれ、暖流とともに北上する魚（マイワシ、マサバ、マアジ、ブリ、ハタハタなど）が寒流中の豊富な栄養塩やプランクトンによって繁殖し、よい漁場となることが知られています。

大和堆による地形効果（大和堆の斜面に海流がぶつかることで海水の上昇が誘発され、栄養塩に富む深層水が表面に供給されて、魚の餌となるプランクトンが繁殖しやすくなる）も、日本海の水産資源の充実に大きな役割を果たしていると考えられます。

1-5 日本海は天然の造水装置——冬の季節風の働き①

日本の陸と海には豊かな四季の変化があり、折々の風情や美しさを見せてくれますが、日本海を最も印象づける季節といえば、やはり冬ではないでしょうか。

冬季の日本列島の日本海側では、シベリア高気圧から吹き出す寒冷な北西季節風にさらされる日が多くなり、厳しい寒さが続きます。日本海の表面は、この季節風がもたらす運動エネルギーを受けて大きく膨らみ、日本海沿岸には轟音とともに大波が打ち寄せます。はるか古代の人々は、荒れすさぶ冬の日本海に畏怖《いふ》の念を抱き、強い海鳴りに眠れぬ夜をすごしていたかもしれません。

冬の天気予報ではおなじみの「西高東低」の気圧配置。この厳冬の気候条件の立て役者である北西季節風こそ、日本海を特徴づける第三の重要ポイントです。

北西季節風が日本海に果たす働きは、二つに大別されます。一つは、冬季の日本列島に大量の降雪をもたらすこと、もう一つは、日本海の表面海水を強く冷却して、日本海の海水を上下にかき混ぜることです。どちらの働きにおいても、対馬暖流が脇役として重要な役回りを務めています。

まず一つめの働きについて見ていきましょう。

大陸起源の、冷たく乾燥した季節風が日本海に強く吹き込むと、対馬暖流の影響を受けた暖かい海面からは、蒸発がさかんに起こります。生成した大量の水蒸気は上空で冷やされ、凝縮して

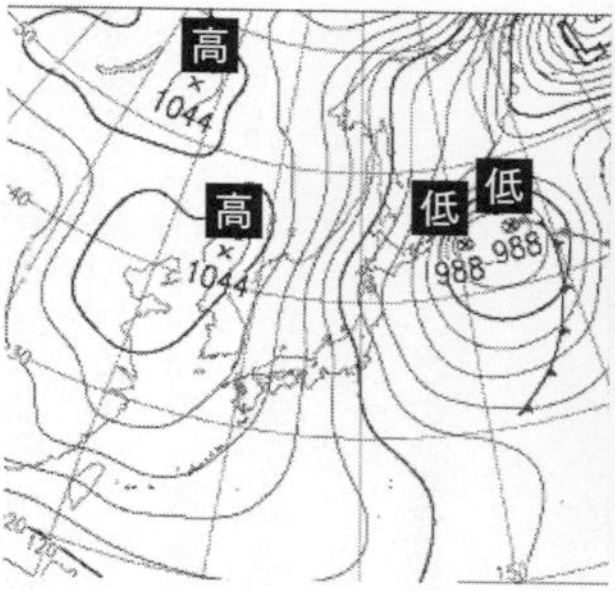

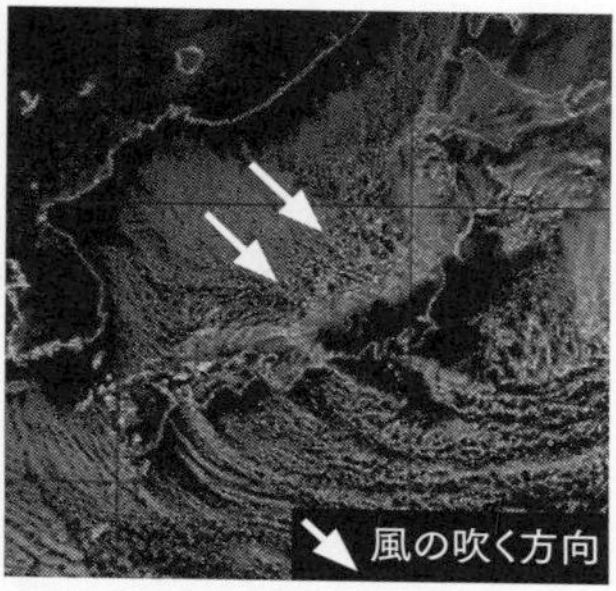

図1-5：冬の風物詩である「西高東低」の気圧配置　天気図（左）と気象衛星画像（右）の例。

雪雲を発達させます。

すじ状の雪雲の列にびっしりと覆《おお》われた日本海は、冬の風物詩の一つです。西高東低型の気圧配置を示す気象衛星画像の定番として、テレビの天気予報などでよく目にします（図1－5）。

大量の雪雲は、季節風とともに日本列島めがけて吹き寄せられますが、列島の屋台骨をなす脊梁《せきりょう》山脈（奥羽山脈や日本アルプス、中国山地など）にぶつかって上昇気流が生じ、日本海側の平地から山地にかけて大量の雪を降らせます。そして、水蒸気を失った季節風は乾燥した「からっ風」となり、日本列島の太平洋側へ吹き降りていくのです（図1－6）。

時として激しい暴風雪と大量の積雪に見舞われる地域（特別豪雪地帯）は、道路の通行止めや集落の孤立など、社会・経済活動に大きな損害を被《こうむ》ることがあります。一方で、わが国の豊かな水資源を維持するうえで、冬の降雪は

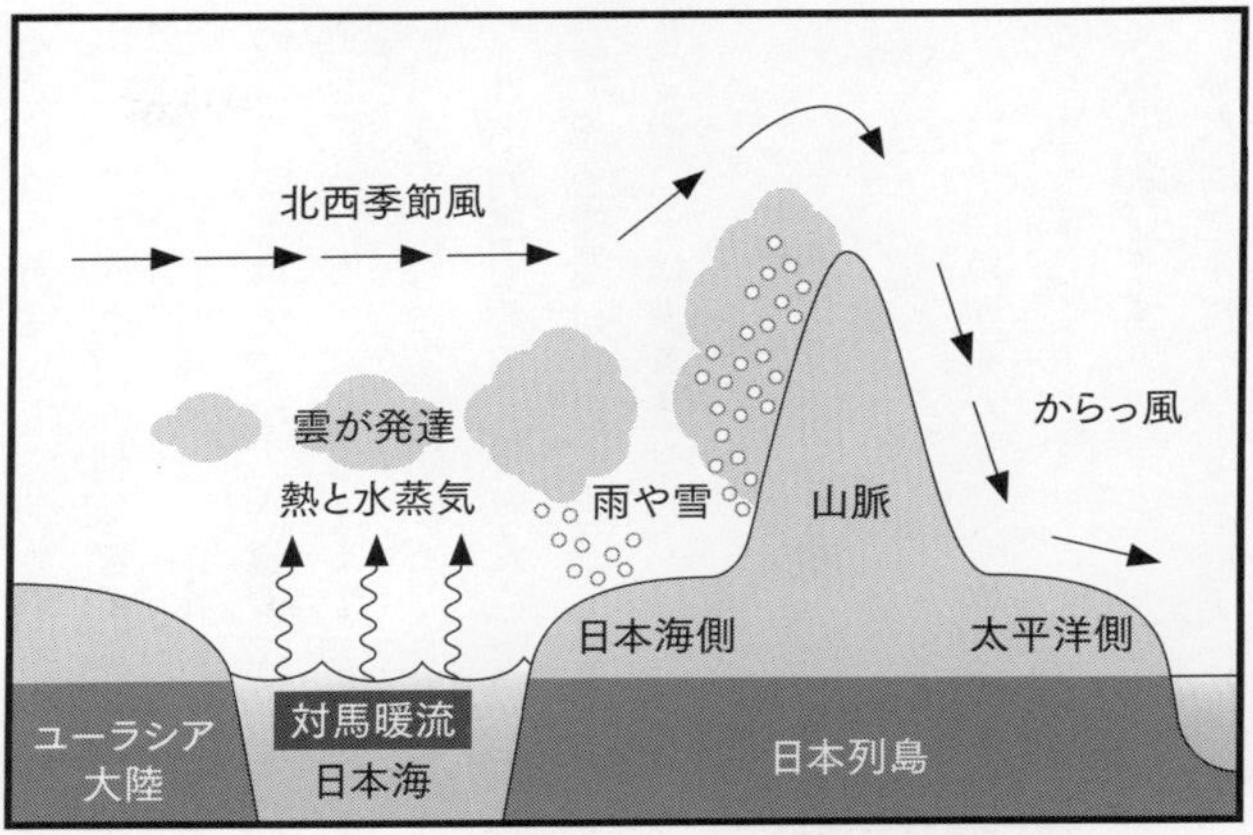

図1-6：「天然の造水装置」として作用する冬の日本海

たいへんありがたい存在でもあります。

日本列島に降る雪はもちろん淡水の結晶ですが、その源は日本海がたたえていた海水です。海水は飲料に適しませんが、淡水は飲むことができます。

すなわち、冬の日本海は巨大な「造水装置」の働きをしているのです。造水装置とは、乾燥地域や長期航海の船舶などに設置され、海水を淡水（生活用水）に変える機械です。日本海は、大量の海水を蒸発させて淡水をつくり、それをそっくり日本列島に供給してくれる天然の造水装置なのです。

山地の雪は、かんたんには融《と》けません。ゆっくり時間をかけて融けたあとは、河川水として海に戻るものもありますが、一部は地中にじわじわとしみ込み、地下水となって地下に長期間貯蔵されるという、うまいしくみが存在します。

ぼくたちがふだん何気なく飲んでいるペットボトルの水も、その一部は、かつて日本海にあった海水かもしれません。淡水は、人類をはじめほとんどの陸上生物にとって、生命を維持するために必要不可欠です。水資源に乏しい国では、莫大な人工エネルギーを投入して、海水を淡水に変えているところもあります。しかし冬の日本海は、まったくのロハで、淡水を大量につくり出し、ぼくたちに送り届けてくれるのです。

日本列島で暮らしてきた人々は、この土地への定住以来ずっと、この天然の造水装置から限りない恩恵を受け続けてきました。現在でも、わが国の水資源を支える大動脈であるといって、決して過言ではありません。

1-6 日本海の海水を循環させる——冬の季節風の働き②

北西季節風が果たす二つめの重要な働きは、日本海の表面水を強く冷却して、密度を増加させる（重くする）ことです。その影響は特に、日本海の北部から北西部にかけての大陸沿岸の表面海水に及びます。

海水は、４℃で密度が最大になる淡水とは異なり、氷点（海水の場合はマイナス１・８℃程度）まで、冷やせば冷やすほど密度が大きくなる（すなわち重くなる）性質をもっています。海水はまた、塩分が高いほど重くなります。対馬暖流が、比較的塩分の高い海水を日本海に供給していることは、先にお話ししたとおりです（21ページ参照）。

強く冷却された海水が、ついに氷点に達して一部が結氷すると、その周囲にある凍っていない海水の塩分はさらに高まります。結氷によって生成する氷は塩を含まないため、氷の周囲の海水中にその塩が吐き出されることが原因です。

こうして密度の増加した（重くなった）表面海水は、重力の作用で、深層に向かって沈んでいきます。密度が十分に大きければ、水深何千メートルもの深海底まで沈み込みます。沈み込んだ水と同じ分だけ深層の海水が表面に向かって湧き上がり、バランスをとります。お風呂の湯に手桶を入れて表面の湯を底のほうに押し込めば、同じ量だけ底部のお湯が浮き上がってくるのと同じ原理です。

結果として、日本海の海水は上下にかき混ぜられることになります。

このように、密度の高い表面海水が沈み込むことによって駆動される海水の循環は、「熱（温度）と塩（塩分）がコントロールする循環」の意味で、「熱塩《ねつえん》循環」とよばれます。

冬の季節風が強力かつ寒冷であればあるほど、密度の大きい表面水がつくられやすくなり、沈み込み（沈降）が活発に起こります。沈み込む海水に押されて〝玉突き現象〟が起こり、日本海

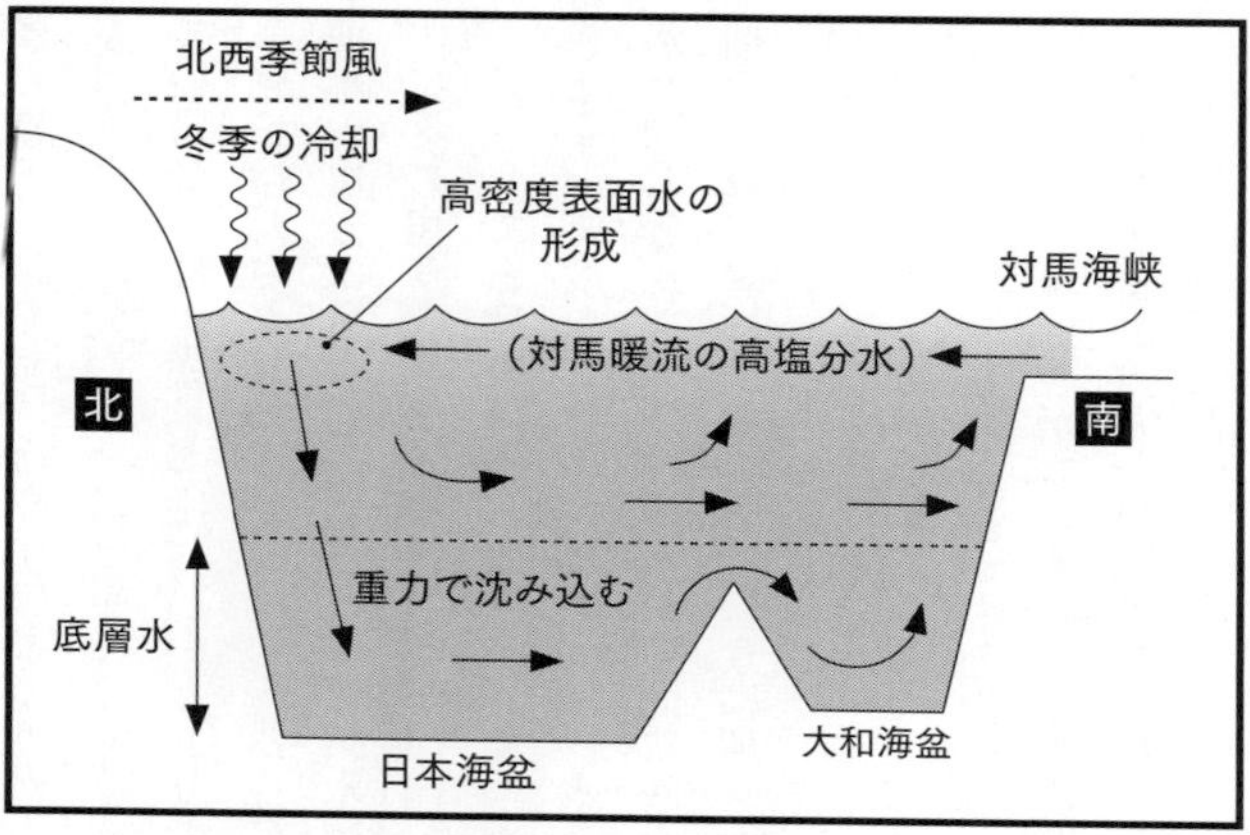

図1-7：日本海内部で起こる「熱塩循環」の模式図

の内部で海水が移動するため、一部の海水は表層へと湧き上がります。図１－７は、このような海水の動きをイメージ図で示したものです。

冬季の日本海で、密度の高い表面水が形成されやすいのは、もともと水温の低い日本海の北部から北西部にかけての沿岸域です。なかでも、ロシア沿海地方の州都・ウラジオストクに面したピョートル大帝湾からその沖合の海域では、表面海水の沈み込みが特に起こりやすいと考えられています。その理由は、陸上の地形にあります。

ウラジオストクは、沿海州のシホテ・アリニ山脈と、朝鮮半島の付け根にある長白《チャンバイ》山脈とのあいだに位置しています（17ページ図１－２参照）。これら二つの山脈に行く手をさえぎられた北西季節風は、両山脈の隙間にあたるウラジオストク近辺を集中的に吹き抜けることになり、その強い冷却効果が、ウラジオストク沖合の表面海水の温度を特に低下させるのです。第6章で詳しくお話ししますが、実際にこの付近の海域では、２０００年から２００１年にかけての冬に、表面海水が海底まで沈み込んだことが、その直後に行われた海洋調査によって確認されています。

1-7 日本海の三大特徴

本章を通じて見てきたように、ぼくたちがふだん何気なく目にしている日本海には、実は「ユニークな縁海」としてのさまざまな特徴がありました。これらの特徴はこのあと、本書のあちこちに顔を出しますので、ここで一息ついて、まとめておきましょう。

重要なポイントは、次の3点です。

①外部の海とつながる海峡が浅く、地形的な閉鎖性が強いこと。
②対馬暖流がつねに流れ込んでいること。
③冬季に北西季節風が吹き抜けること。

この章では、本書の導入部として、日本海という縁海の地形的特徴を、北西太平洋の「深い風呂桶」に喩えてご紹介してきました。

この風呂桶の最大水深は約３８００メートルもありますが、周囲の海との接続は四つの海峡に限られています。そのいずれもが浅いため、周囲の海との関係は薄く、強く閉鎖されています。最も深い対馬海峡と津軽海峡の水深でさえ、わずか130メートルです。これより浅い部分にある海水は四つの海峡を通り抜けることができますが、もっと深い海水は、周囲の海と接触することがありません。

表面海流としては唯一、黒潮の分岐流と台湾暖流とが合流した対馬暖流が、対馬海峡から日本海に流れ込んでいます。対馬暖流によって日本海表面水の塩分が高く保たれ、また、日本列島の日本海沿岸地方に温暖な気候がもたらされます。

冬の日本海は、寒冷な北西季節風にまともにさらされます。この季節風には大きな役割が二つあり、日本列島と日本海に多大な影響を及ぼしています。

一つは、日本海表面から水蒸気を吸い上げて巨大な雪雲をつくり、日本列島に大量の積雪（淡水）をもたらすこと、もう一つは、日本海北部から北西部にかけての表面海水を冷却・高密度化して沈降させ、日本海の海水を上下にかき混ぜる（熱塩循環を促進する）ことでした。

この海水の熱塩循環は、決して日本海だけに限られた現象ではありません。世界の他の海洋でも、日本海と似たようなしくみで、海水が大規模に循環しています。

続く第2章ではまずそのことを取り上げて、日本海が「世界の海のミニチュア版」として、国際的に注目されているのはなぜなのか、その理由を探っていくことにしましょう。

COLUMN ❶

黒海：もう一つの〝風呂桶〟

はるか西アジアの果てに「黒海《こっかい》」とよばれる海があります。トルコ、ブルガリア、ルーマニア、ウクライナ、ロシア、およびジョージアの6ヵ国に囲まれた内海です。

面積は日本海のほぼ半分で、最大水深は2250メートル。日本海の最大水深よりは浅いものの、それでも外洋並みの深さといっていいでしょう。

この黒海もまた、日本海同様の強い閉鎖海域であり、風呂桶を形成しています。マルマラ海を介して、地中海とは一応つながってはいますが、つなぎ目にあたる二つの海峡（ボスフォラス海峡とダーダネルス海峡）がごく浅いため（最大水深はそれぞれ、35メートルと65メートル）、それより深い黒海の海水は、マルマラ海や地中海から完全に隔離されています。

閉鎖性という点では似通っている黒海と日本海ですが、この両者には決定的な違いがあります。黒海には、日本海のように高密度で重い表面水を自ら形成して沈降させるメカニズムが備わっていないのです。そのため、表層水と深層水の上下混合がほとんど起こりません。

光合成の起こる表層水だけはつねに酸素に富み、漁業もさかんですが、表層から下では酸素は有機物の分解のために急速に失われ、水深約150メートルから下では酸素濃度ゼロとなって、酸素呼吸をする生物は生きていくことができません。そのうえ、無酸素状態の海水中では、有機物の分解のために海水中の硫酸イオン（SO_4^{2-}）が利用されるため、その副産物として有毒ガスである硫化水素（H_2S）が大量に発生しています。うっかり潜ったらたいへんなことになる風呂桶なのです。

実は日本海にも、黒海と同じような環境におかれた時期が過去に存在することが、海底堆積物の研究から判明しています。今から約2万年前、最終氷期が最盛期を迎えた頃のことでした。

当時、陸上氷河の発達にともなって海水準（海面の高さ）が大幅に低下し、対馬海峡はほとんど陸と化していました。その結果、対馬暖流の日本海への流入がストップし、表面水の塩分が低下して、日本海の熱塩循環が停滞してしまったのです。

当然ながら、酸素が深層に行き渡らなくなり、そこでの生物活動は失われました。こうして〝死の海〟となっていた日本海を現在の姿へと回復させたのは、氷河の融解による海水準の上昇が対馬海峡を復活させ、対馬暖流がふたたび流れ込んできたことでした。

日本海を劇的に変化させたこの出来事の顛末《てんまつ》は、第4章で詳しくご紹介します。

第2章

日本海は世界の海の「ミニチュア版」

日本海は、ユーラシア大陸と日本列島に囲まれた小さな縁海として、控えめにその名が世界地図に記載されているだけだと考えたら大間違いである。

日本海の内部には、冬季の北西季節風が駆動する活発な深層循環系がある。

この循環系は周囲の海の影響を受けることなく、日本海の中だけで完結している。

これは、世界中の海洋をつなぐ大規模な熱塩循環系（コンベアーベルト）と原理的に同じものである。

ちっぽけな日本海だが、実は世界の海を内包しているのである。

2-1 どこまでが「浅い海」で、どこからが「深い海」？

この章では、「世界の海」という広い視点から、日本海を見つめ直したいと思います。そのために、まず海洋全体の動き（循環）に関わる基本的な話から始めましょう。

海洋では一般に、暖かくて密度の小さい（軽い）海水が、低温で密度の大きい（重い）海水の上に浮かんでいます。「成層構造」とよばれる力学的に安定した状態です。外部から強制的な力を加えないかぎり、表面の軽い海水と深層の重い海水とが上下に入れ替わることはありません。風呂桶に水をはり、下から熱を加えて湯を沸かすと、高温で軽い湯が表面に浮かび、底のほうはぬるいままです。そこで、手桶を突っ込んで強制的にかき混ぜたりするのですが、放っておけばいつまでもそのままです。海もこれと同じです。

海洋学では、表面付近にある海水のことを「表層水」、深いところにある海水のことを「深層水」とよびます。深層水は重く、その重い海水の上に軽い表層水が浮かんでいるわけです。表層水と深層水のあいだには、水温が急激に低下（密度は急激に増加）する中間層があり、「水温躍層」あるいは「密度躍層」とよばれます。

深さ何メートルから何メートルまでが表層水だとか深層水だとかいった、厳密な定義があるわ

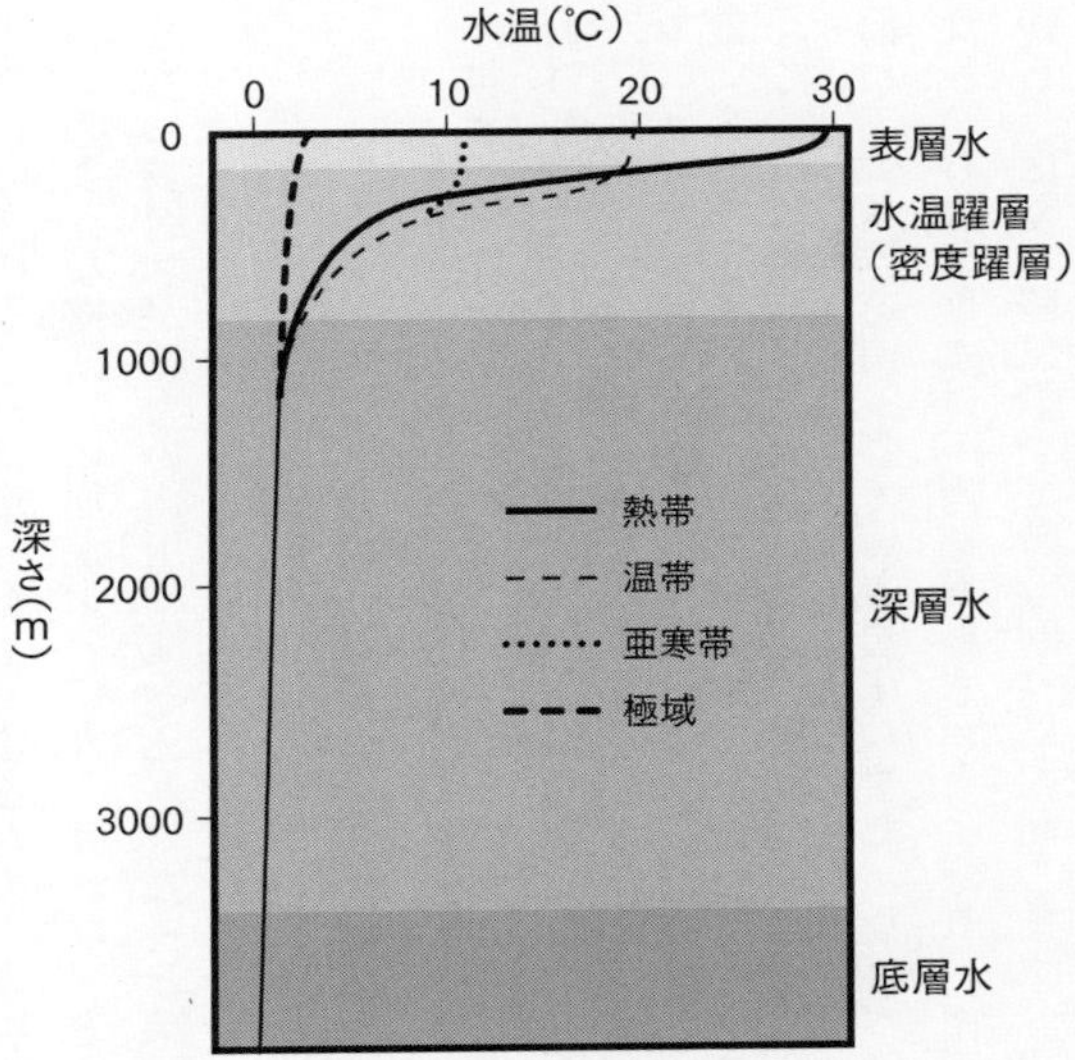

図2-1：水深による海水の一般的な分類　気候帯別の一般的な水温分布と、表層水、水温躍層（密度躍層）、深層水、底層水のイメージ。

けではありません。ごく一般には、水深5000メートル程度の外洋域であれば、深さ50〜100メートルほどを「表層」、深さ1000メートルくらいから下を「深層」とみなすことが多いようです（図2−1）。

深層のうち、最も深い海底上の部分を特に「底層」とよび分けることがありますが、これも深さによる定義があるわけではなく、水温や塩分の分布に明瞭な境目があるときに限った話です。

いずれにしても、深さ数千メートルに及ぶ成層した海洋を、人工的にかき混ぜるのは不可能です。しかし、第1章で見たように、表層の軽い海水が大気に冷やされることで温度が下がり、また氷結して塩成分が氷（ほとんど真水です）の外に吐き出されれば塩分も上昇するため、表層水の密度を上げることができます。

このような密度の増加が十分に大きければ、安定していた成層構造は崩れます。すなわち、高密度の表層水が重力の作用で沈み込み、表層と深層とのあいだで上下の混合が生じるのです。

2-2 2000年に及ぶ海水の大循環

世界の海洋を眺めてみましょう。表面海水が冷却され、重くなって沈み込むのは、気候のとりわけ寒冷な極域、つまり北極圏と南極圏です。大西洋の最北域であるグリーンランド近海やラブラドル海、そして南極大陸に接するウェッデル海やロス海などが、高密度表面海水の沈み込みが起こる代表的な海域として知られています。

北部北大西洋で沈み込んだ高密度水は「北大西洋深層水」とよばれ、斜面を下り、海底地形に沿って大西洋を南下していきます。また、ウェッデル海で生成されて南極大陸の斜面を北向きに沈み込む高密度水は「南極底層水」とよばれ、南下してくる北大西洋深層水の一部を取り込みながら、南極大陸に沿って時計回りに周回します。その一部は、インド洋と太平洋に入り、それぞれ最深部を北上します。これらの深層水や底層水の動きは、地球の自転の影響を受けて西側に押

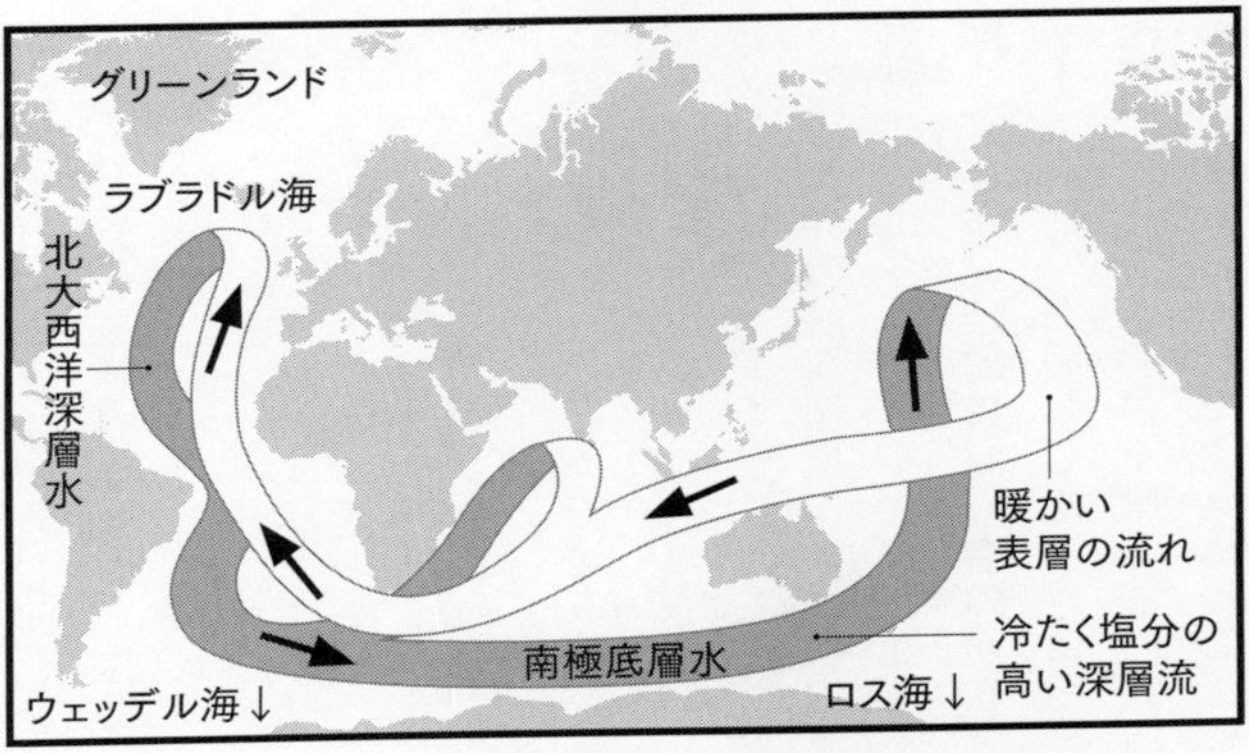

図2-2：ブロッカーが提唱した「コンベアーベルト」の概念図

しつけられます。

これらの深層・底層流は最終的には海面まで上昇し、表面海流となって、ふたたび北大西洋や南極海に戻っていきます。出発点に戻った海水が再度、冷却されて沈み込み……と、同じことが繰り返されます。

米国の海洋化学者であるウォリー・ブロッカーは、この全海洋の表層と深層にまたがる海水の循環を、わかりやすい概念図で表現しました（図２－２）。「ブロッカーのコンベアーベルト」とよばれ、海洋学の教科書には必ずといってよいほど引用される図です。

ただし、図２－２はあくまで概念図であることに注意してください。海洋のど真ん中に、太いベルトのような単純な流れがずっと続いているわけではなく、長い時間にわたってならしてみると、このようなイメージになるということです。他の研究者によって、より現実の海洋に近い、もっと複雑なコンベアーベルト図も提案されています。

あとで詳しく述べますが、図2-2のコンベアーベルトが世界の海を一巡するには、1000~2000年というたいへん長い時間を要することが、海水中の放射性核種の分布から明らかにされています。

2-3 日本海独自の「ミニ循環」

表面海水が重くなって沈み込む海水の循環といえば、1-6節ですでにお話しした熱塩循環のことを思い出した方も多いでしょう。まさにそのとおりです。図2-2が示しているのは、世界中の海洋を切れ目なくつなぐ熱塩循環なのです。

この世界の熱塩循環には、日本海は含まれていません。第1章でお話ししたように、日本海は周囲を閉鎖されているため、外部からの深層水が入り込むことはできないからです。けれども、図2-2と原理的に同じものが、日本海という小さな海の内部だけを巡っています。

1-6節でお話ししたように、日本海では冬季に、シベリアからの寒冷な季節風が北部から北西部の表面海水を強く冷却し、低温かつ高塩分の高密度表面水を形成します。重くなったその表面水が重力の作用で沈み込むことによって、日本海内部だけの、独自の熱塩循環系(コンベアーベルト）が駆動されます。海洋の熱塩循環系という観点から見れば、日本海は広大な世界の海と肩を並べる存在と考えることができるのです。

28ページに掲げた図１－７が、まさに日本海のコンベアーベルトを表しています。ただし、そのサイズは、図２－２と比べればはるかに小さい。だから、日本海は全海洋の縮小版（ミニチュア版）とよばれるのです。「ミニ海洋」たるゆえんです。

コンベアーベルトの動きは、海水中に溶け込んでいる（「溶存している」といいます）化学成分の濃度分布に強く反映されます。以下では、このような化学成分の代表格として、海水中に溶けている酸素ガス（O_2）と放射性核種である炭素－14（^{14}C）に注目することにしましょう。

酸素ガスは、ぼくたち人間を含め、陸上の生物が呼吸するためになくてはならない気体で、空気中の約21パーセントを占めています。酸素ガスはまた、海水中に溶け込んでおり、それによって海中の生物も呼吸しています。

海洋の表面付近では、目には見えない微生物である植物プランクトンが酸素を生産しています。彼らは陸上の樹木と同じように葉緑素をもち、太陽エネルギーをもとに、図２－３に示すような光合成を行って無機物から有機物（自らの体組織など）をつくります。その際、副産物として発生するのが酸素ガスです。

したがって、太陽の照射を受ける海洋表面水は、世界中どこでも、光合成に由来する酸素ガス

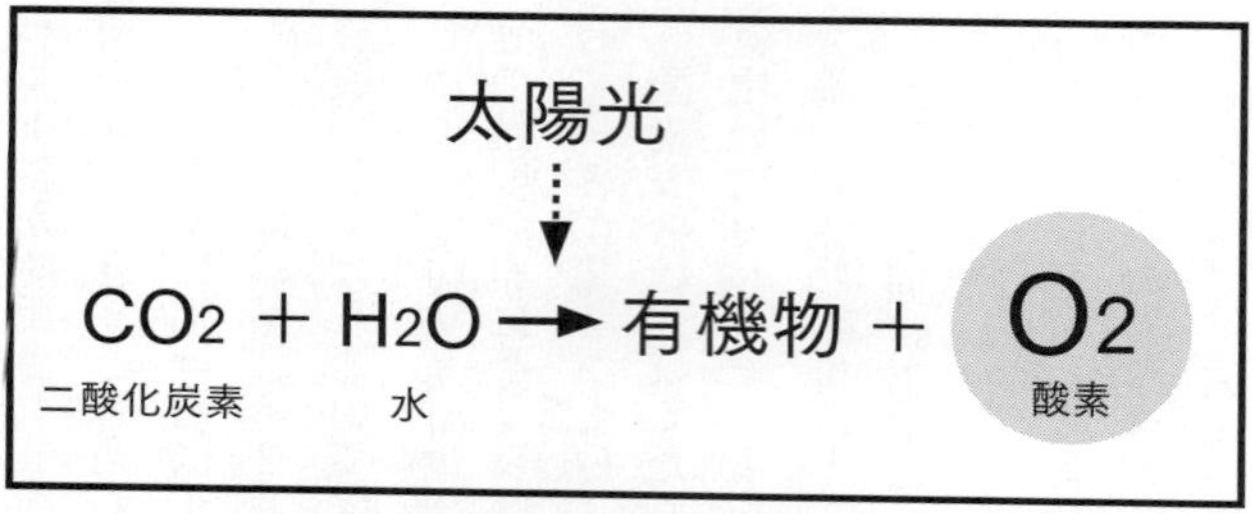

図2-3：光合成反応による酸素ガスの生成

を豊富に含んでいます。その濃度は、水温と塩分で決まる溶解度にほぼ等しい。つまり飽和しています。この豊富に酸素を含む表面海水が重くなって沈み込むと、その海水と一緒に酸素ガスも海洋深層へと運ばれていきます。

ところで、光合成に必須の太陽光が海水中に入射できるのは、海洋のごく表面だけにすぎません。水分子（H_2O）が光を吸収するのと、水中に漂う細かい粒子や生物が光を散乱してしまうためです。つまり海洋は、表面こそ光に満ちた明るい世界ですが、深さとともにみるみる暗くなっていく世界なのです。

ぼくは若い頃に深海潜水船に何度か乗船し、日本海や他の外洋域を潜航調査したことがあります。海面から下向きに潜り始めたとき、観察窓から外を見ていると、深さ２００メートルあたりで海中は完全に真っ暗闇になります。海底まで延々とこの状態が続くので、観察するには強力なライトをつけなければなりません。

真っ暗闇の海水中では、光合成は決して起こりません。すなわち、酸素も生産されません。その一方で、深層海水中には、表層付近から小さな有機物の断片がたえず降下してきます。生物の死骸や排泄物などです。潜水船のライトで照らすと、これらの有機物は白く光り、ちょうど雪がはらはら舞い落ちているように見えるので、「マリンスノー」（海の雪）というロマンチックな名前がついています。

このマリンスノーの多くは、深層海水中で微生物による酸化分解を受けますが、その際に酸素ガスが消費されます。図２-３に示した反応式の、ちょうど逆向きの反応が起こるわけです。

そのまま放置しておけば、この反応によって深層海水中の酸素はどんどん減っていき、やがて使い尽くされてしまいます。酸素がなくなれば、普通の生物は生きていけません。第1章のコラムでお話しした黒海がまさにこのような海で、その深層水は無酸素状態になっています（31ページ参照）。

2-4　深層水に酸素を届けるメカニズム

しかし、実際の海洋では世界中どこでも、深層水中の酸素濃度がゼロになっているケースはほとんどありません。海域によって濃度は異なるものの、おおむね表面水の50パーセント以上の酸素を含んでいます。これは、深層水に対して酸素を補給するメカニズムがあって、酸素の消費分を打ち消しているからです。このメカニズムこそ、海水を上下にかき混ぜている熱塩循環です。

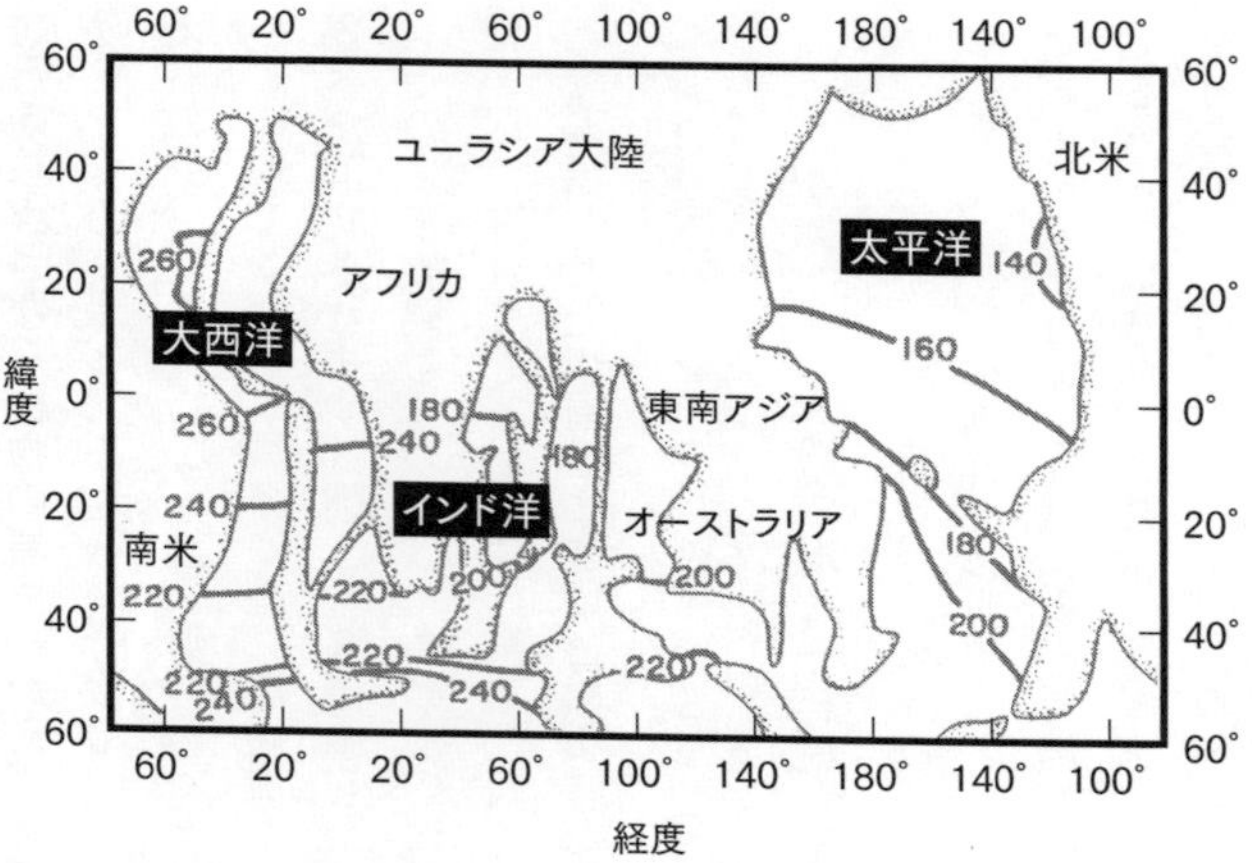

図2-4：世界の海洋における深さ4000メートルの等深線とそれ以深の酸素濃度分布　単位はμmol/kg（Broecker and Peng (1982)の図を改変）。

表面海水が沈み込めば、表面水のもつ豊富な酸素が深層へと送り込まれるのです。

北極海や南極海周辺の表面海水中でつくられた酸素ガスが、海水の沈み込みとともに、コンベアーベルトに乗って世界中の深層海水へと運ばれていきます。その下流へ行くほど、酸素濃度は減少します。先に述べたように、暗黒の深層水中では光合成が起こらない一方、有機物（マリンスノー）の分解に酸素が使われてしまうためです。

深層水中の酸素の実測データから確認してみましょう。図2-4は、世界の海の4000メートルより深い層における海水中の酸素濃度を示しています（単位は、海水1キログラムに含まれる酸素のマイクロモル数）。第3章で述べるように、海水中の酸素ガスは比較的容易に船上で分析できるので、世界中を網羅して多くのデータが蓄積されています。図２‐４を見ると、コンベアーベルトの始点に近い北大西洋では２６０と大きな値を示していますが、南大西洋・南インド洋では２２０、南太平洋で２００、さらに北太平洋では１６０と徐々に小さくなっていくのがおわかりでしょうか。まさに図２‐２に示したコンベアーベルトの進行方向に沿って、酸素濃度が減っていくのです。逆に、この酸素濃度の低下していく方向をたどることで、コンベアーベルトの流れる向きが推定できるわけです。

２‐５　酸素を豊富に含む日本海

海水に含まれる酸素ガスの濃度が、海洋の熱塩循環の指標としてたいへん有効であることがわかりました。ここで話を日本海に戻します。日本海の熱塩循環（28ページ図１‐７参照）は、表層から深層へと、酸素ガスを活発に送り込むはずです。それでは、日本海の海水に溶け込んでいる酸素ガス（溶存酸素）は、どんな分布をしているのでしょうか。

図２‐５は、日本海の代表的な溶存酸素濃度分布を示しています。比較のために、日本列島をはさんでほぼ同じ緯度帯（北緯40度）の北西太平洋におけるデータも併記しました。第１章でお話ししたように、日本列島という地形的な障壁があるため、日本海と北西太平洋とのあいだでは

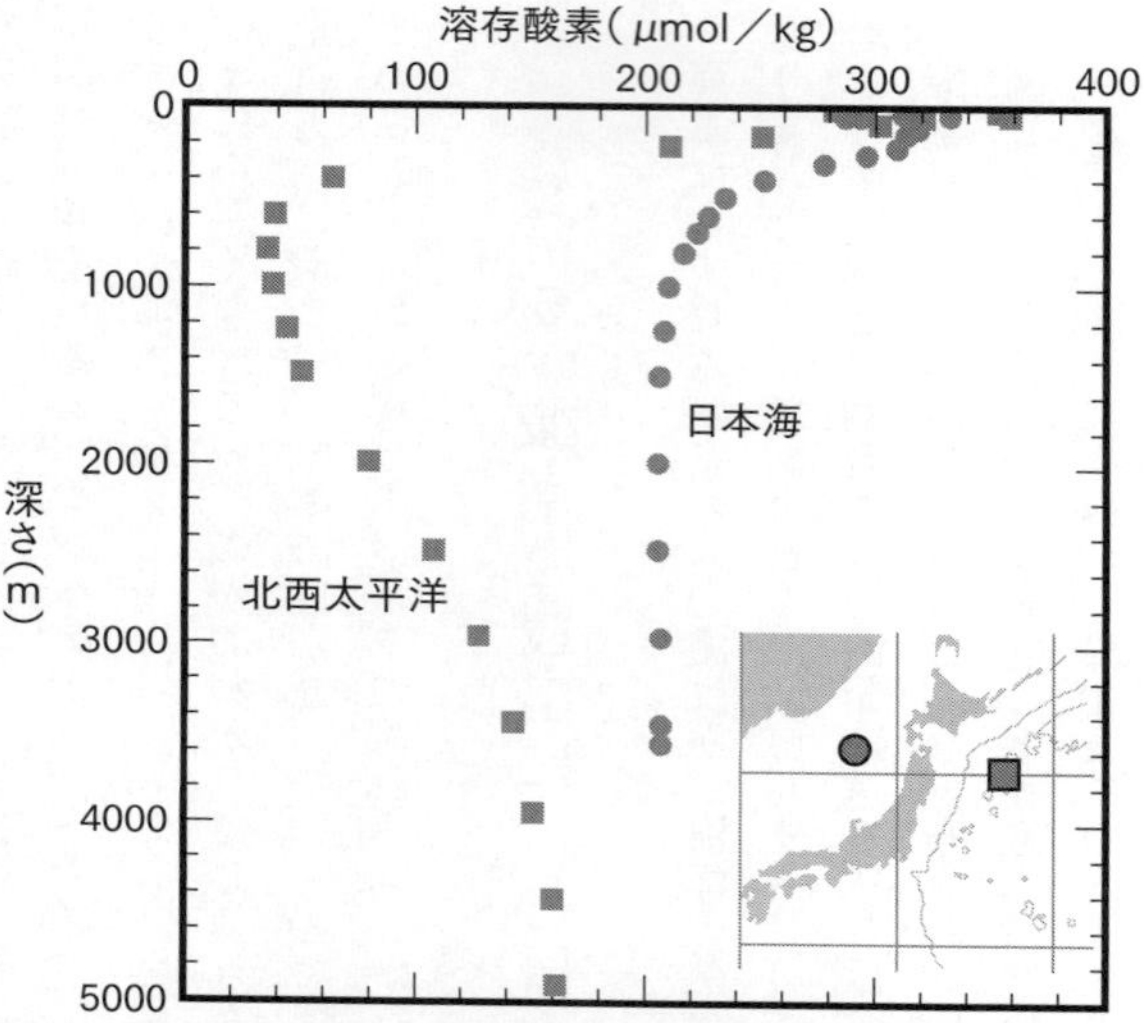

図2-5：日本海と北西太平洋の溶存酸素濃度分布の比較　右下の地図は、各海域の観測位置を示す。

深層海水の交換がまったく起こりません。

その結果、両海域での溶存酸素濃度分布は大きく異なっています。そして、日本海の深層水のほうが、はるかに高い濃度で酸素を含んでいることがわかります。

北西太平洋の深層水中に含まれる酸素ガスの起源は、はるか南方の南極海です。寒冷な南極海で高密度の表面水が沈み込んで南極底層水となり、南太平洋を経て、北太平洋へと北上します。日本近海に到達するには、太平洋を南から北までほぼまるまる縦断しなければならず、これに長い時間を要します（次節で述べる放射性炭素を用いた研究によれば、５００～１０００年程度と見積もられています）。その間、酸素は新たな供給を受けることなく、有機物分解のために消費され続けます。

一方、日本海の深層水中の酸素の供給源は、同じ日本海の北部、すぐ近くの表層にあります。酸素を豊富に含む表面海水が沈み込んでから、あまり時間が経過していません。したがって有機物分解による消費も少なく、同緯度の太平洋深層水に比べると、はるかに大量の酸素を含んでいるわけです。

2-6 海水の「年齢」をどう調べるか

海水中の溶存酸素濃度は、深層水が相対的に古いか新しいかを知るための目安にはなりますが、具体的な年数を知ることはできません。海水の年齢値、すなわち、表面海水が沈み込んでからの経過年数を知るにはどうしたらよいでしょうか。

海水の古さ・新しさを決める〝ものさし〟として、最適の物質があります。それが、放射性核種の一つ、質量数14の炭素同位体（^{14}C）、別名「放射性炭素」です。一般に放射性核種とは、自発的に放射線を放出して別の核種へと変化する（これを放射壊変とよびます）核種を指します。放射壊変によってその核種が半分に減るまでの時間を「半減期」といいますが、放射性炭素の半減

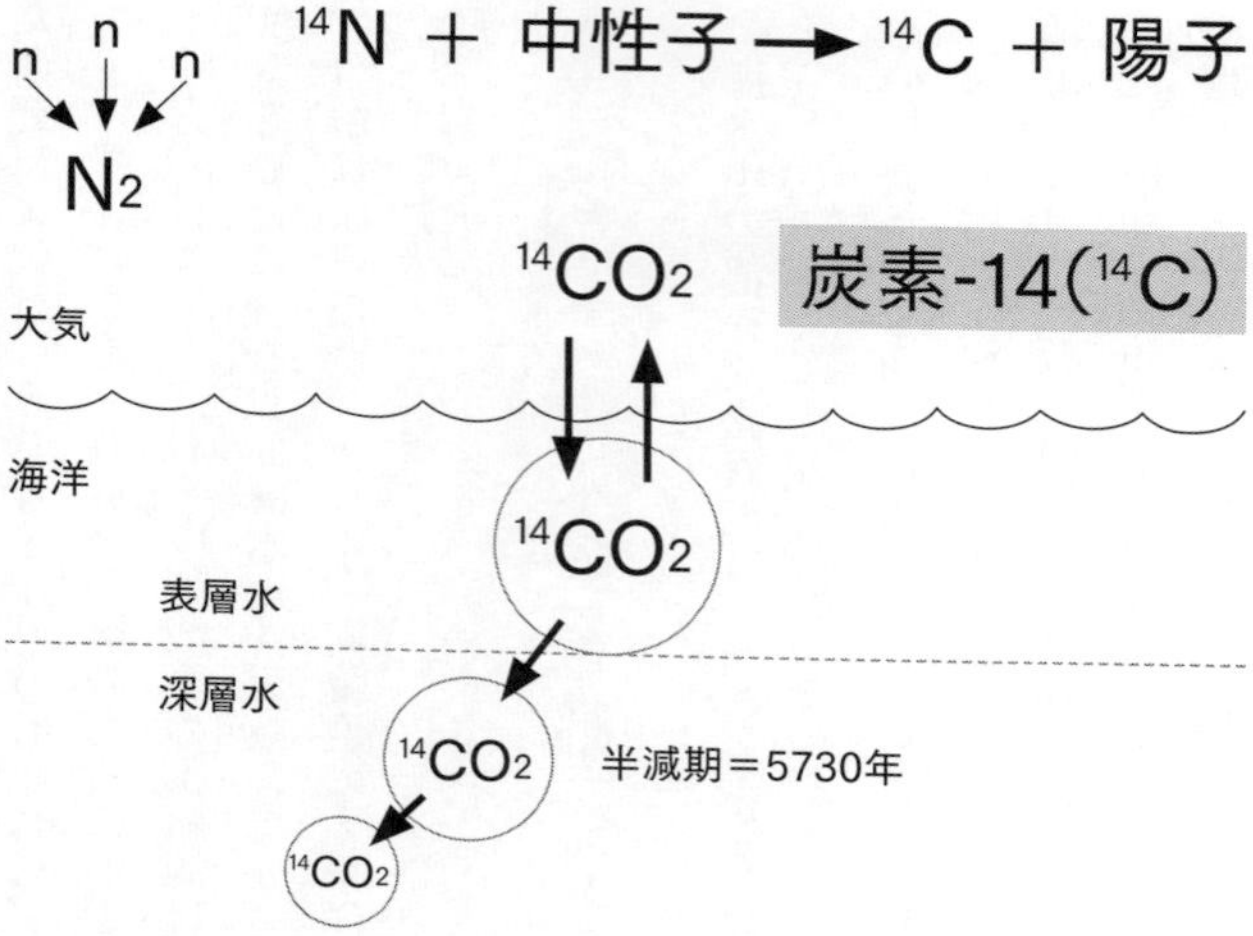

図2-6：炭素-14による海水の年代測定の原理

期は5730年です。

図2-6に、^{14}Cによる年代測定の原理を示します。大気中の窒素原子（^{14}N）が宇宙線由来の熱中性子（n）によって核反応を起こし、^{14}Cが生成されます。この^{14}Cは、すぐに二酸化炭素（$^{14}CO_2$）となって大気中に均一に拡がり、その一部は、大気から海洋表面水に溶け込みます。大気中で^{14}Cの生成する速度は今も昔も変わらないので（厳密には多少の変動はありますが）、^{14}Cがどのくらい減少しているかを調べることで、経過時間（年代）を算出できるのです。

放射性炭素による年代測定といえば、陸上の考古学研究を思い浮かべる方も多いと思います。古代の遺跡などから発掘された資料の古さ・新しさを決める手段として、

^{14}C法が活用されています。

たとえば、縄文時代の遺跡から古い木片が出土したとします。樹木中のセルロースに含まれる^{14}Cは、樹木が生育しているあいだは、大気中の^{14}Cをつねに取り込んでいます。しかし、いったん切り倒されてしまうと、そこで大気との接続が断たれて^{14}Cの供給はなくなり、以後は半減期５７３０年で^{14}Cは減少の一途をたどります。もし、木片中の^{14}Cが大気中の^{14}Cのちょうど半分まで減っていたら、その遺跡は今から５７３０年前頃のもの、などと推定できるわけです。

2-7　キリスト誕生時の海水

話を海に戻しましょう。海洋の表面水は、たえず大気とのあいだで二酸化炭素を交換していますから、表面水中の^{14}Cレベルは、大気との平衡状態に保たれています。しかし、表面水が重くなって海洋内に沈み込むと、大気からの^{14}C供給は絶たれ、以後^{14}Cは半減期にしたがって減少していきます（図２-６）。

そこで、世界中の深層水の^{14}C濃度を測定すれば、その海水が古いのか新しいのか、さらには、沈み込みを開始して大気との接触を断たれてからどのくらいの年数が経過しているか、を推定できることになります。

こうして得られた^{14}Cの濃度分布から、37ページ図2-2に示したコンベアーベルト図が描かれたのです。そして、コンベアーベルトが世界の海を一巡する時間スケールは、おおよそ1000年から2000年であることが明らかになりました。

ちょうどキリストが誕生した頃に北太平洋で沈み込んだ海水が、2000年の時を経て、現在は日本列島東方の北太平洋までやってきているという、うまいたとえ話があります。キリストの誕生から現在までの2000年間、人類が地球表面のあちらこちらで繰り広げてきた出来事のなんと多いことでしょう（ぼくもかつて、世界史の勉強にはたいへん苦労しました）。

このぎっしり詰まった2000年間の世界の歴史と同時進行するかたちで、かたや海の奥底では、人知れず熱塩循環がゆっくりゆっくり周遊し、ようやく地球を一巡したというわけです。

2-8 「ミニ海洋」は鋭敏なカナリア
——日本海でこれから起こること

さて、ミニ海洋である日本海のコンベアーベルトは、いったいどのくらいの時間スケールで巡回しているのでしょうか？

日本海深層水の放射性炭素も計測されています。その測定の顛末は第3章にゆずりますが、結論だけ先にお話しすると、得られた時間スケールは100〜200年程度です。放射性炭素とは別の放射性核種や人工化学物質を用いた推定でも、ほぼ同じ結果が得られています。すなわち、日本海の熱塩循環の時間スケールは、全海洋のそれと比べて一桁小さいのです。キリストが誕生した頃から現代までの約２０００年のあいだに、日本海では10〜20回程度、深層水が入れ替わったことになります。

日本海が、全海洋のミニチュア版として、現在の地球環境の変化、ことに地球温暖化のような人為的原因によって引き起こされた全球的気候変化に対してどう反応するかは、たいへん興味あるところです。なにしろ、熱塩循環の時間スケールが全海洋の10分の1しかないのですから、日本海は地球環境の変化に対して、一般の海洋よりもずっと〝敏感〟であるに違いありません。

全海洋に先駆けて日本海に現れる地球環境変化の影響をどうキャッチすればいいのか？――日本の海洋学者はもちろん、日本海と直接接する国々、そして遠く欧米諸国の研究者までもが、このテーマに強い関心を抱き、日本海を注視しています。

本章末のコラムで紹介するように、日本海と直接接するロシアと韓国、日本の３ヵ国は、互いに協力して日本海を調査するため、「ＣＲＥＡＭＳ《クリームズ》」とよばれる国際共同研究を立ち上げました。これに米国と中国が加わり、またＣＲＥＡＭＳとは直接関係しないもののドイツの研究者も観測航海に加わってくるなど、日本海における海洋物理、化学、生物学を包括する学際的な共同研究が精力的に続けられています。

米国に本拠を置く海洋の国際組織「The Oceanography Society」では、2006年発行の機関誌「Oceanography」で日本海の特集を組み、CREAMS計画の研究成果も含めて日本海における従来からの研究を広く紹介しています。その随所で、日本海を継続して観測することの重要性が指摘されています。「日本海でこれから起こること」が、やがて地球全体に拡がる環境変化の前触れとなる可能性があるからです。

炭鉱作業員は、カナリアを入れたカゴを携えて坑内に入ります。もし、カナリアが急にさえずりをやめてしまったら、「危険」と判断して引き返すためです。メタンや一酸化炭素といった有毒なガス成分の濃度が坑内で上昇したとき、人間にはわからなくても、敏感なカナリアならいち早くそれを察知してくれるからです。

日本海のもつ〝敏感さ〟には、坑道におけるカナリアの役割に通じるものがあります。

そして実際に、現在の日本海では、まだわずかではあるものの、海水の化学的性質に変化の兆しが現れ始めています。この、日本海が発しつつある警鐘については、第6章で詳しくお話ししたいと思います。

「環日本海諸国」は日本海をどう研究しているか：CREAMS計画

国連海洋法条約（1982年採択、1994年発効）によって、世界の海洋には排他的経済水域（Exclusive Economic Zone: EEZ）が設定されています。四面を海に囲まれたわが国のEEZ面積は広大で、領海も合わせた総面積は447万平方キロメートルに及びます。世界第6位の広さです。

EEZは、原則として沿岸の200海里（約370キロメートル）の範囲を指しますが、対岸国のある場合は、両国の合意に基づいて中間線を引くことになります。このため日本海は、ロシア、韓国、北朝鮮、およびわが国のEEZによって分割されています。他国のEEZ内で海洋調査を行うには、当事国の了解が必要です。

わが国の海洋研究者は、以前から韓国やソ連（現ロシア）の研究者と親密な交流を続けてきましたが、EEZの設定は国際交流の重要性をさらに高めました。1989年の「冷戦の終結」というタイミングもあり、環日本海諸国が協力して日本海の研究を推進させようとの気運が高まりました。

1993年に、九州大学の竹松正樹《たけまつまさき》教授（当時）を研究代表者として、文部省（当時）科学研究費による国際学術研究が発足しました。これが

CREAMS《クリームズ》(Circulation Research of the East Asian Marginal Seas) 計画で、日本海のほぼ全域を観測対象とする日本・韓国・ロシアの3ヵ国による共同研究です。研究航海には、ロシアの観測船・クロモフ号が用いられました。

その後、中国や米国の研究者も加わり、CREAMS計画は日本海の海洋物理、化学、生物学的研究に大きな成果を上げています。2005年以降は、北太平洋海洋科学機構PICES《パイセス》（正式名称はNorth Pacific Marine Science Organizationで、日本、米国、中国、カナダ、韓国およびロシアが加盟）の中にCREAMS計画のためのアドバイザリーパネル（諮問《しもん》機関）が設置され、日本海のみならず、東シナ海をも視野に入れた共同研究が続けられています。

第3章

「日本海独自の海水」があった！

——探索された風呂桶の深部

表層から海底直上までをカバーする、日本海の海水の本格的な調査研究は、１９３０年頃からわが国の海洋学者によって意欲的に進められてきた。日本海という〝風呂桶〟の内部には、おどろくほど冷たく、かつ酸素を豊富に含む独自の海水（日本海固有水）が大量に存在することが明らかになった。

１９７０年代後半になると、高精度ＣＴＤ観測や放射性核種による年代測定など、最先端の研究手法が導入され、日本海の特徴を解明する探究に拍車をかけた。きわめて均一な底層水の存在が実証され、熱塩循環の時間スケールが明らかになっていく——。

3-1 日本海を探検した先駆者たち

本書でご紹介している日本海のさまざまな科学的知見の大多数は、過去100年くらいのごく短期間に明らかにされてきたものです。それ以前の時代の日本海は、交易路としては大いに活用されていたものの、自然科学的な研究や探索の対象となることはほとんどありませんでした。日本海を囲む国々に、科学的な視点で日本海を捉えようという発想そのものが、なかなか生まれなかったのです。

一方、18世紀末から19世紀の初頭にかけて、はるか西欧やロシアから、日本海を訪れた先覚者たちがいます。1787年にフランスのJ・F・ラペルーズが、1796年にイギリスのW・R・ブロートンが、そして1805年にはロシアのI・F・クルーゼンシュテルンが、帆船フリゲート艦や軍艦を操り、日本海での航海を実施しています。彼らは、日本海の地図を作成し、大まかな海底地形や海流を調査しました。

ラペルーズ率いるフリゲート艦2隻は、1787年5月25日に対馬海峡から日本海に入ります。1797年に出版された『ラペルーズ世界周航記』の付図には、日本海を東へ進んだあと、能登半島沖で北西に向きを変えて、ロシア沿岸を北上した航跡が記されています（図3-1）。

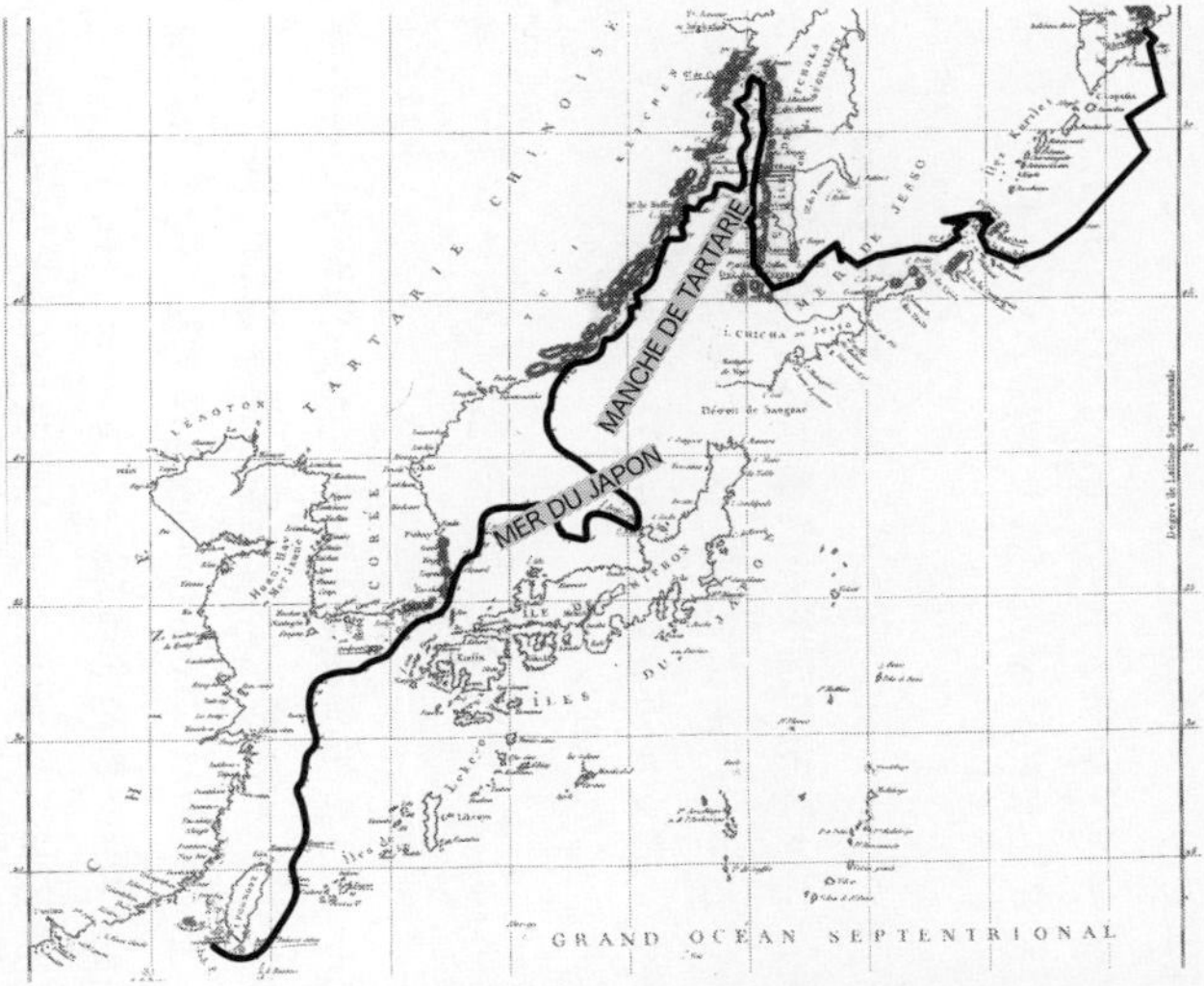

図3-1：ラペルーズが作成した日本海と日本列島周辺の地図（1797年公表）
彼のたどった航路が示されている（『ラペルーズ世界周航記・日本近海編』（小林忠雄編訳）より。航路と一部の地名を太線で強調表示してある）。

この図には、海域名として「MER DU JAPON」（メール・ドゥ・ジャポン＝日本海）と記載されています。

「MER DU JAPON」の名称は、1750年に発行されたフランスの地図作成者G・R・ド・ヴォーゴンディによる「日本帝国図」（L'EMPIRE DU JAPON）にすでに記されており、同じフランス人として、ラペルーズはこの地図を参照した可能性があります。

ラペルーズは、間宮海峡（この海峡を松田伝十郎と間宮林蔵が発見するのは、その少し先の1808～1809年のことです）のすぐ手前まで到達し、ここが海峡であることをほぼ確信したようですが（図3-1には「MANCHE DE TARTARIE」＝タタール海峡の記載もあります）、海況が悪かったためか最浅部の水深が浅すぎたためか、海峡を通過することはできず、引き返しました。

その後、宗谷海峡（欧米では、彼にちなんでラペルーズ海峡ともよばれています）を通過してオホーツク海に入り、カムチャツカ半島のペトロパヴロフスクに入港しました。

3-2 日本海の命名者は？

一方、ロシアのクルーゼンシュテルンは、日本との通商を求めるロシア使節N・レザノフとともに、まず本州南岸を西向きに航走し、九州の南を回って長崎に入港しました。1804年10月のことです。彼らは長崎に半年間足止めされた末、幕府から通商拒否の通告を受け、長崎を出航して日本海に入ります。その後、オホーツク海を経て、ラペルーズと同じくペトロパヴロフスクに寄港しました。

クルーゼンシュテルンは、自著『世界周航記』に掲載した世界地図に、日本海の名称を「MOPE ЯПОНСКОЕ」（モーリェ・イポンスコエ＝日本海）と書き入れています。クルーゼンシュテルンがラペルーズの航海記を参照していた可能性はありますが、詳細は確認していません。

ラペルーズとクルーゼンシュテルンによる航海記は、世界で広く読まれたため、「日本海」の名称がしだいに世界に定着していきます。もちろん、彼ら以前にもこの名称を記した西欧の地図はいくつか存在します。前述のド・ヴォーゴンディによるものに加え、さらに遡《さかのぼ》ると、Ｃ・ブランクスが１６１７年にイタリアで発行した「日本地図」に「Mare Japonicvm」（日本海）と記載しています（中野美代子（２０１５）による）。

しかし、自ら日本海を端から端まで航走して海洋調査の先駆けをなし、航海記もしっかり書き残しているラペルーズとクルーゼンシュテルンを、実質的な日本海の命名者第一号、第二号とよびたい気がします。

一方、日本国内ではどうかというと、当時は鎖国状態にあり、このような呼称について知る人はほとんどいませんでした。また、そもそも日本ではそれまで海に名前をつけるという習慣がなく、どうしても呼称が必要なときは、本土の北側にある海ということから「北海」などと呼んでいたようです。日本で発行された地図に「日本海」の名称が登場し始めるのは、ようやく１８６０年代になってからで、明らかに欧米から逆輸入し、翻訳した呼称であることがわかります。

ラペルーズによる航海記には、いろいろ面白い逸話が遺《のこ》されています。特に、日本海にまつわる逸話を、第５章のコラムで紹介しますので、あとでご覧ください（147ページ参照）。

3-3 ロシアが先行した日本海の科学調査

19世紀後半になると、ロシアが積極的な南下政策に打って出ます。

1858年のアイグン条約と1860年の中露北京条約によって、中国に代わって日本海北西部沿岸（沿海州）を領有したロシアは、その直後の1861年、軍艦ポサドニック号を対馬の浅茅《あそう》湾に送り、対馬を強引に占領しようとします（ロシア軍艦対馬占拠事件）。日本海から太平洋へ進出する戦略上の要地（不凍港）を確保するのが狙いでしたが、対馬藩や幕府の抵抗と英国の圧力に屈し、半年で退去しました（英国もまた、ロシアに対抗するために対馬を重要視していたといわれます）。

ロシア海軍は、軍港としてのウラジオストクの整備を急ぎ、かつ日本海の観測も着々と進めていきます。たとえば、L・I・シュレンクは、1870年と1874年に観測の成果をまとめ、日本海の水温、密度、海流の特徴などを公表しています。第1章に登場した「対馬暖流」や「リマン寒流」という、日本海の代表的な海流の名称も、シュレンクの論文において初めて用いられたものです。

日露戦争（1904～1905年）の開戦直後に、旅順のロシア太平洋艦隊司令長官として着任し、乗艦が日本海軍の機雷に触れて非業の最期を遂げたS・O・マカロフ提督は、海洋物理学者としても卓越した能力の持ち主でした。軍艦ヴィチアズ号で日本海や太平洋を調査した成果を、１８９４年に膨大な報告書としてまとめています。

海流や海上気象を熟知することは、艦隊による軍事行動を有利に進めるうえできわめて重要です。わが国でも、日露戦争の日本海海戦の直前に、中央気象台の予報課長・岡田武松《おかだたけまつ》の出した天気予報「天気晴朗ナルモ浪高カルベシ」がよく知られています。

時代は下りますが、第二次世界大戦中の海軍・水路部で気象・海象観測を担当した岸人三郎《きしんどさぶろう》大佐や、潮汐・航海天文観測を担当した秋吉利雄《あきよしとしお》大佐のように、軍人でありながら理学博士号を取得した本格的な海洋研究者がいます。

3-4　1万本超の瓶を使って海流を調査した日本人

ロシアが先鞭をつけた日本海の海洋調査でしたが、日露戦争における敗北や、その後のロシア革命（１９１７年）の影響で、大幅な縮小を余儀なくされました。それに代わって、わが国の海洋科学者による観測研究の時代が到来します。

わが国では１８６８年の明治維新の頃から、急ピッチで西欧化政策が推し進められました。海洋学の分野においても、学問レベルの向上はもとより、国際的に通用する海洋観測技術の導入が喫緊《きつきん》の課題となっていきます。海防や沿岸漁業という観点からも、日本列島周辺の詳細な海洋情報の取得が急がれました。なかでも対岸に諸外国を望む日本海は、最優先の研究ターゲットだったことと思われます。

日本海の表面海流や海底地形については、ラペルーズ以降の探検者による記録や、シュレンクやマカロフら海外の先駆者たちによる報告、さらにはわが国の和田雄治《わだゆうじ》（1859～1918年）による漂流瓶調査などで、かなり明らかになっていました。

和田雄治は、わが国の海洋研究の草分けの一人です。東京帝大を卒業後、内務省地理局勤務を経て、中央気象台に異動した1893年から海洋観測に手をつけ、周囲の無理解を押し切って漂流瓶による調査を開始します。仁川気象観測所長就任後の1913年から1917年にかけて日本近海に放流した1万3357本の漂流瓶（うち2990本を回収）によって得られた貴重な表面海流のデータは、『日本環海海流調査業績』（1922年発行）として取りまとめられています。

その一方で、日本海の深部については手つかずの状態が続きました。深さ数百～数千メートルの深層はどのような性質の海水で満たされているのか、水温や塩分、その他の主要な化学成分の濃度分布はどうなっているのか……といった基本的な事項でさえ、1920年代後半まではまったく白紙の状態だったのです。

3-5　さまざまな深さの水を同時に採取する方法

プロローグでも述べたように、海水の化学組成には、地球や海洋で進行するさまざまな現象を解き明かすための重要な手がかりが含まれています。

海水の化学組成を明らかにするには、海水を採取して化学的に分析しなければなりません。これが表面水であれば、バケツのような容器でかんたんにすくい取ることができるのですが、深さ数百～数千メートルの深海の水となると、ことは簡単ではありません。本格的な採水装置が必要です。水密性の高い開閉機構をもった採水器を、ワイヤーロープに固定して、海中に下ろすという大がかりな作業をしなければなりません。

折しも１９０４年、ノルウェーの海洋学者Ｆ・ナンセンが、優れた機能をもつ採水器を完成させました。彼の名をとって、「ナンセン採水器」とよばれる装置です（図３-２）。

内容量は約2リットル。円筒容器の上下に開閉機構がついており、水中で１８０度回転させることで、採水器の入り口と出口が閉じ、内部に試料となる海水を密閉できることから「転倒式採水器」とよばれます。

この採水器を、ワイヤーロープに間隔を開けて何台も装着し、海中に降下させることで、さま

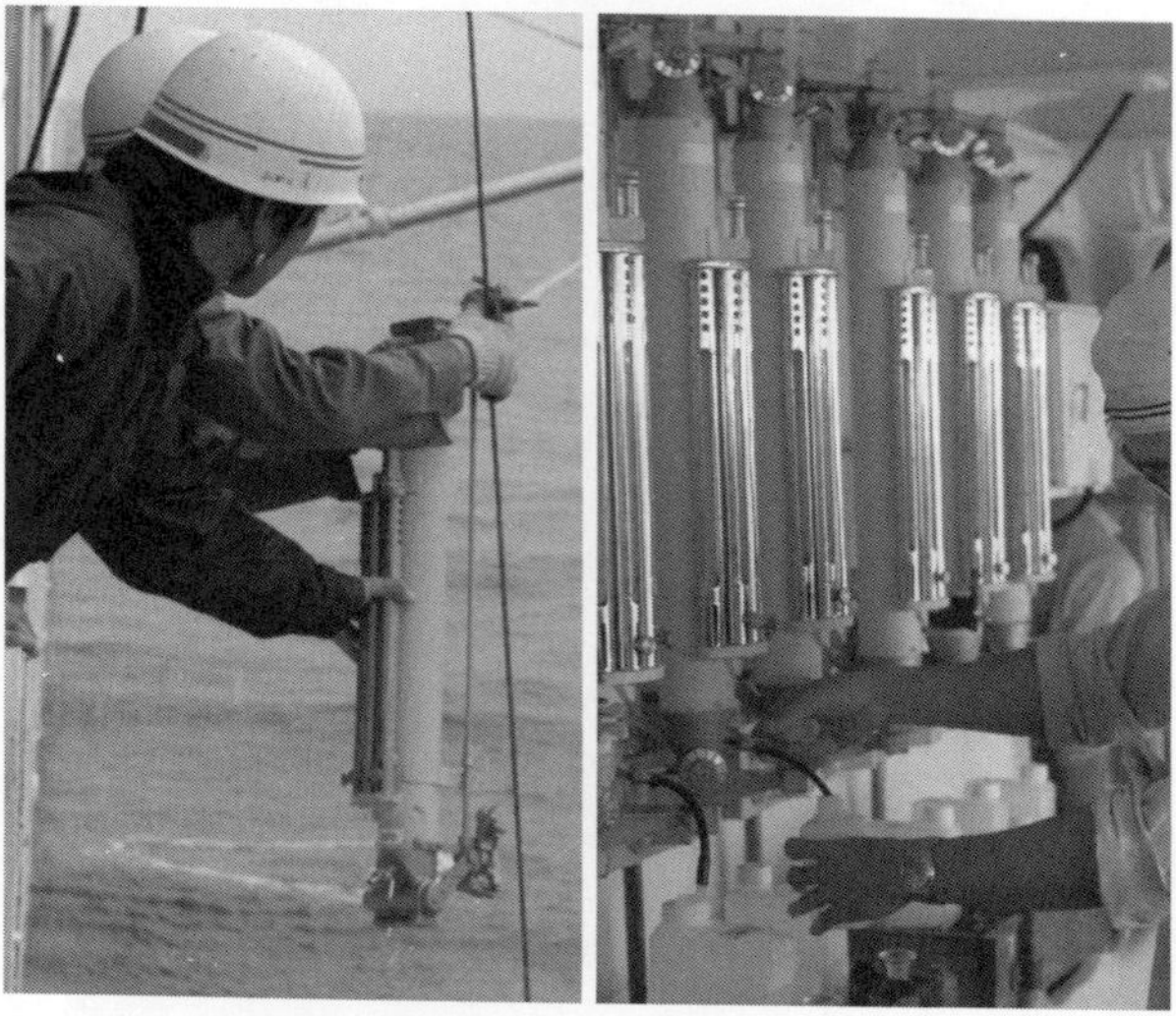

図3-2：ナンセン採水器（写真提供：蓮本浩志）

ざまな深さの海水を一度に採取することが可能です。

採水器を作動させるには、「メッセンジャー」とよばれる金属製のおもりをワイヤーロープに沿って降下させます（図3-3）。メッセンジャーAが採水器の上端に当たると、採水器とワイヤーロープとの連結が外れて採水器が自重によって反転し、海水が採取されると同時に、次の採水器を作動させるためのメッセンジャーBが降下していくしくみになっています。

ナンセン採水器は、深層海水を採取するために不可欠な観測機器として、海洋学の進歩に大きく貢献し、現在もなお活用されています。

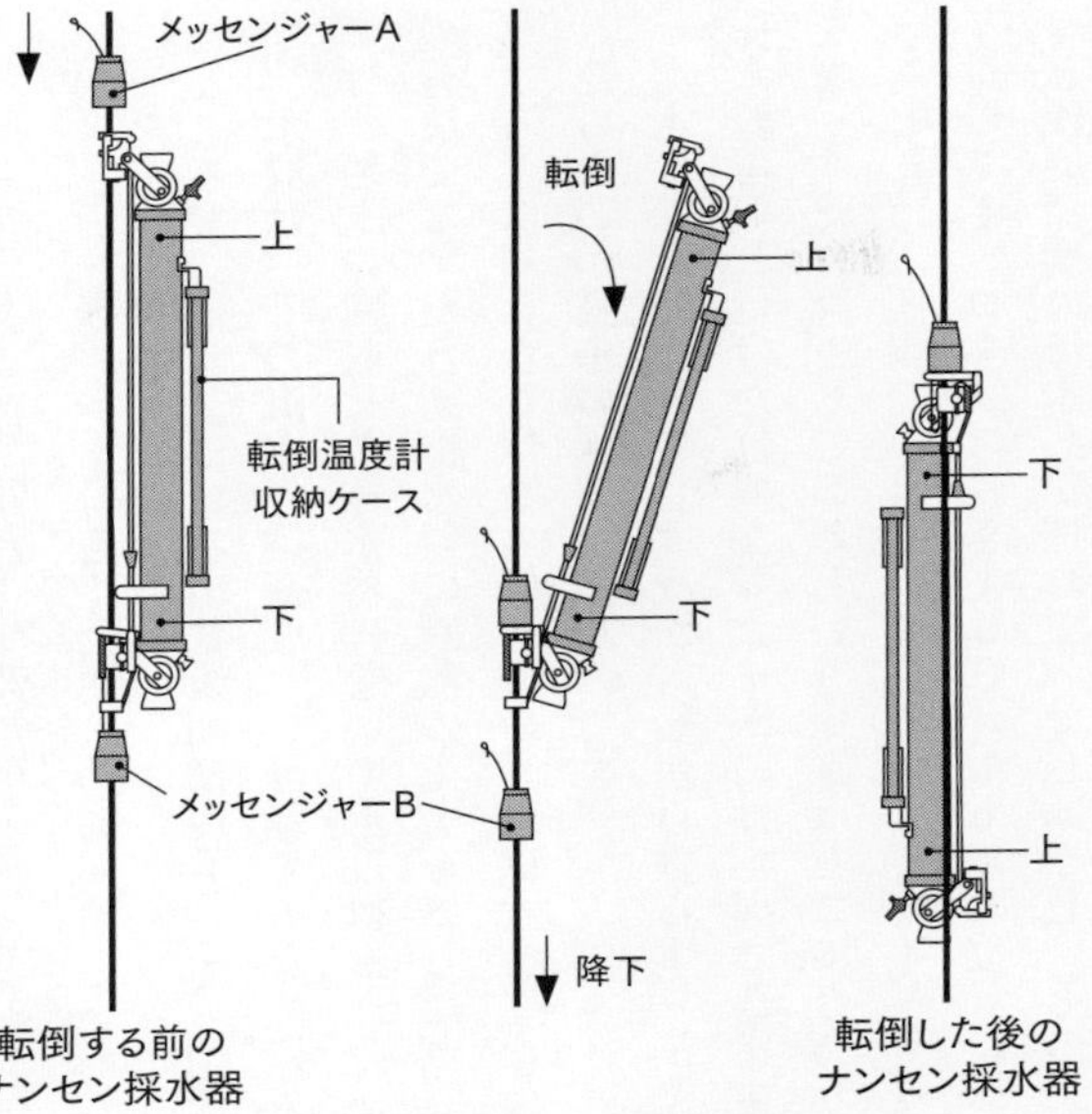

図3-3：ナンセン採水器による採水のしくみ　降下してきたメッセンジャーAによってナンセン採水器が転倒し、海水試料が採水器内部に密閉される。同時に、次の採水器を作動させるためのメッセンジャーBが降下していく(Defant(1961)の図に加筆)。

しかし、金属製であるために海水中の微量金属の研究には向かないこと、10リットルとか20リットルといった大容量の試料を採取できないこと、などの欠点もあります。

そのため現在では、硬質プラスチック製のニスキン採水器やゴーフロー採水器など、バネやゴムの張力でフタを開閉する方式の採水器が使用されることが多くなっています。

3-6 正確な水深はどうすればわかるか
——ガラス職人の妙技

ところで、海水試料はその基本的情報として、「水温」と「深さ」を正確に知る必要があります。水温は、その海水の「密度」を計算するために欠くことができません。ごく初期の海洋観測では、船上に回収した採水器に急いで温度計を差し込んで水温を計測していました。しかし、この方法では、たとえ採水器に断熱の工夫を施したとしても、現場の水温から多少ずれてしまうでしょう。深層になればなるほどその乖離《かいり》は大きくなる可能性が高く、水温を正確に測るにはどうしたらよいか長年の課題だったのです。

海水の深度はどうでしょうか。船から垂らすワイヤーロープに長さの目盛りをふっておけば、採水器を取り付けた位置から大まかには把握できます。ところがこれも、ワイヤーロープが海中をま<u>っ</u><u>す</u><u>ぐ</u>に降下しているという保証はどこにもありません。

たとえば、観測船が海流に流されれば、ワイヤーロープは船に引っ張られて斜めに傾いてしまうからです。ロープの長さ100メートルの位置に採水器をつけたとしても、ロープが傾けばもっと浅い深度の海水しか採れないでしょうし、その正確な深さを船上から知る術《すべ》はありません。どうすればよいのでしょうか？

採取現場の水温を正確に測定し、かつ採水深度を記録してくれる、優れものの温度計があります。特別な構造をもったガラス製の水銀温度計です。この温度計は水中で反転させると、水銀柱がうまく切れ、その場の水温表示が固定されることから「転倒温度計」とよばれます(図3-4)。

水圧に応じて温度値が上昇する「被圧型」と、水圧の影響を受けない「防圧型」の2種類の転倒温度計をペアにして使用します。前者から水圧(すなわち深度)を、後者から水温を、それぞれ正確に知ることができます。1878年に英国で初めて製作され、その後ドイツで改良が加えられて飛躍的に精度が向上しました。現在では、誤差プラスマイナス0・01℃程度で温度計測ができます。

図3-4:転倒温度計　防圧型(左)と被圧型(右)。

日本でも1913年頃から製作されるようになりましたが、当初は計測精度がはるかに低いものでした。苦心に苦心を重ねて独自の製作技法を確立したことで、1938年頃には、ドイツ製のものと比べても遜色のない優れた国産の転倒温度計がつくられるようになりました。

この転倒温度計をナンセン採水器に装着し、水中で採水器が作動するのと同時に180度回転するしかけにすれば、採取した海水試料の正確な深度と水温をあとから知ることができます（図3-3参照）。

転倒温度計の製作は、ガラス職人の腕の見せどころでした。新田次郎による小説『ガラスと水銀』は、転倒温度計の製作に関わった日本のガラス職人の鬼気迫る物語を描いたものです。ただし現在では、3-10節でお話しするようにCTDのようなセンサーによる水温や深度（水圧）計測の精度が圧倒的に向上したために、転倒温度計の出る幕は失われつつあります。

3-7 50隻の観測船による一斉調査

1920年代後半にいたり、いよいよ本格的な日本海調査への機が熟しました。わが国の国力充実を背景に、海洋調査のための研究施設や研究調査船、船上観測機器などがようやく整えられたのです。このとき、日本海に乗り出した二人の先覚者によって、新しい事実が次々と明らかにされていきます。

まず、1928～1930年に、神戸海洋気象台の須田晥次《すだかんじ》（1892～1976年）が、1

２５トンの観測船「春風丸」を用いて日本海西部海域を調査し、初めて日本海の１０００メートル以深の海水を採取して、その化学組成を明らかにしました。

須田晥次は群馬県の出身で、東北帝大を卒業後、１９２１年から神戸海洋気象台に所属して日本海の観測に取り組みました。その後、中央気象台福岡支台長を経て、１９４６年に海上保安庁水路部長、１９６２〜１９６６年に東海大学海洋学部長を務めました。地震学や海洋学の成果に加え、東北地方の冷害に関する研究でもその名を知られています。著作に『海洋科学』や『海洋物理学』などがあります。

須田による観測に続いて、１９３３年には農林省水産試験所海洋調査部の宇田道隆《うだみちたか》（１９０５〜１９８２年）を中心とする大がかりな日本海一斉調査が実施されました。

高知県出身の宇田道隆は、東京帝大を卒業後、１９２７年に農林省水産講習所に所属して日本海の集中観測を指揮します。戦後は長崎海洋気象台長、水産庁東海区水産研究所長、東京水産大学教授、東海大学教授を歴任しました。海洋物理学、漁場学、水産海洋学などの研究と普及に尽力し、著作として『海洋學』『日本の海』『海に生きて』などを遺しています。

宇田による一斉観測には、約50隻に及ぶ多数の観測船が参加しました。特に、水深３０００メートルまで採水可能なウィンチを搭載した水産試験所の「蒼鷹丸《そうよう》」（１９２５年竣工、２０２トン）は、日本海の主要な海域を網羅するように日本列島と大陸とのあいだをジグザグに３往復し、ナンセン採水器を用いて多数の深層海水試料の採取・化学分析を行いました。日本海という風呂桶のすみずみにわたって、海水の水温や化学的性質がようやく明らかにされた瞬間でした。

3-8 「日本海固有水」の発見

春風丸や蒼鷹丸による調査結果は、実に興味深いものでした。

第一に、日本海の水温は深さとともに表面から急激に低下し、一気に冷たくなることがわかりました。一般に、海水の温度はどこでも深くなるにしたがって低下しますが、日本海では、その勾配《こうばい》がものすごく急なのです。表面では16℃くらいある水温が、水深200〜300メートルで早くも1℃以下になり、深度1000メートルでほぼ0℃に到達します。それより深い部分では、ほとんど変化しません(図3-5)。

水深200〜300メートルから下にある水温0〜1℃の冷たい海水は、化学分析の結果、塩分もほぼ均一であり、酸素濃度がきわめて高いことが判明しました。これは2-5節ですでにお話ししたとおりです(43ページ参照)。

これらのデータから、須田晥次はある説を唱えました。——冬季の日本海北部沿岸では低温か

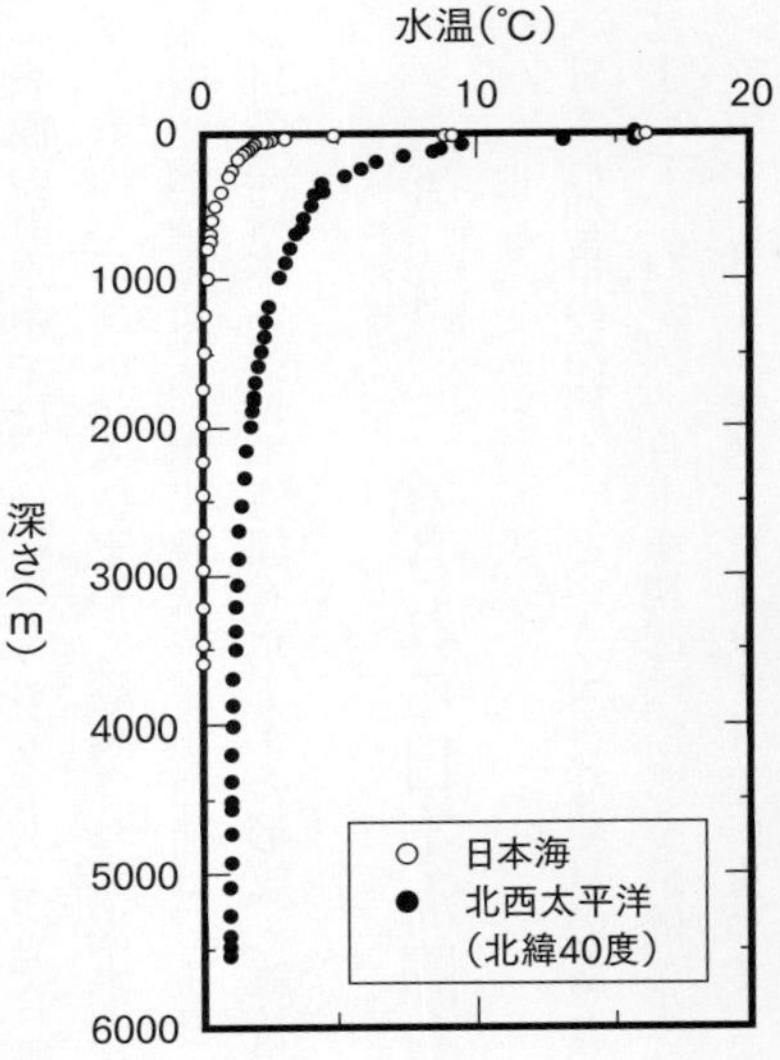

図3-5：水深に応じて急激に冷たくなる日本海の水温　北西太平洋のデータと比較したグラフで、観測点はどちらも北緯40度付近。表面水温はほぼ同じ(約16℃)だが、水面下の水温分布はまったく異なっている。

つ塩分の高い表面水が形成され、この重い水が日本海を沈降することによって、日本海深部が活発にかき混ぜられているのだ、と。

当時はまだ、現在のような熱塩循環の概念は十分に確立されておらず、須田の提唱は画期的なものでした。宇田道隆は、須田によるこの仮説を裏づける多くのデータを蓄積し、日本海の水深２００メートルより深い部分を占めている均一な水塊のことを「日本海固有海水」と名づけました（宇田、１９３４）。

この名称はその後、「日本海固有水」(Japan Sea Proper Water) と短縮化されて一般に広まり、国際的な学術用語として定着していきます。

表面の海水中では、植物プランクトンが光合成によって酸素をたえず生産しています。そして、表面水の沈み込みによって駆動される海水の活発な上下混合が、表面水が含む豊富な酸素を深層へ輸送します。須田晥次や宇田道隆は、1930年代に早くもこのしくみに気づき、日本海独自の深層水——日本海固有水——の形成・維持機構を明らかにしたのです。

3-9 三分される日本海固有水——カギは水深が握っていた

「日本海独自の深層水」という大きな発見のあと、太平洋戦争の勃発と敗北（1945年8月）によって、わが国の日本海観測は停滞を余儀なくされていました。

終戦から3年が経過した1948年になって、海上保安庁水路部の第4海洋丸（200トン）が、東部日本海盆と大和海盆の観測を実施します。さらに1960年頃からは、気象庁舞鶴海洋気象台が日本海の定期観測を受け持つようになり、高風丸（346トン）や清風丸（355トン）などの観測船を用いて、年4回の海洋観測を開始しました。

日本海洋データセンターの二谷《にたに》頴男《ひでお》は、わが国が1928年から1971年までのあいだに蓄積した日本海の膨大なデータを解析し、日本海の水温や塩分、溶存酸素濃度に見られる長期的な変動を明らかにするなど、先進的な記載に満ちた報告書を、1972年に出版しています

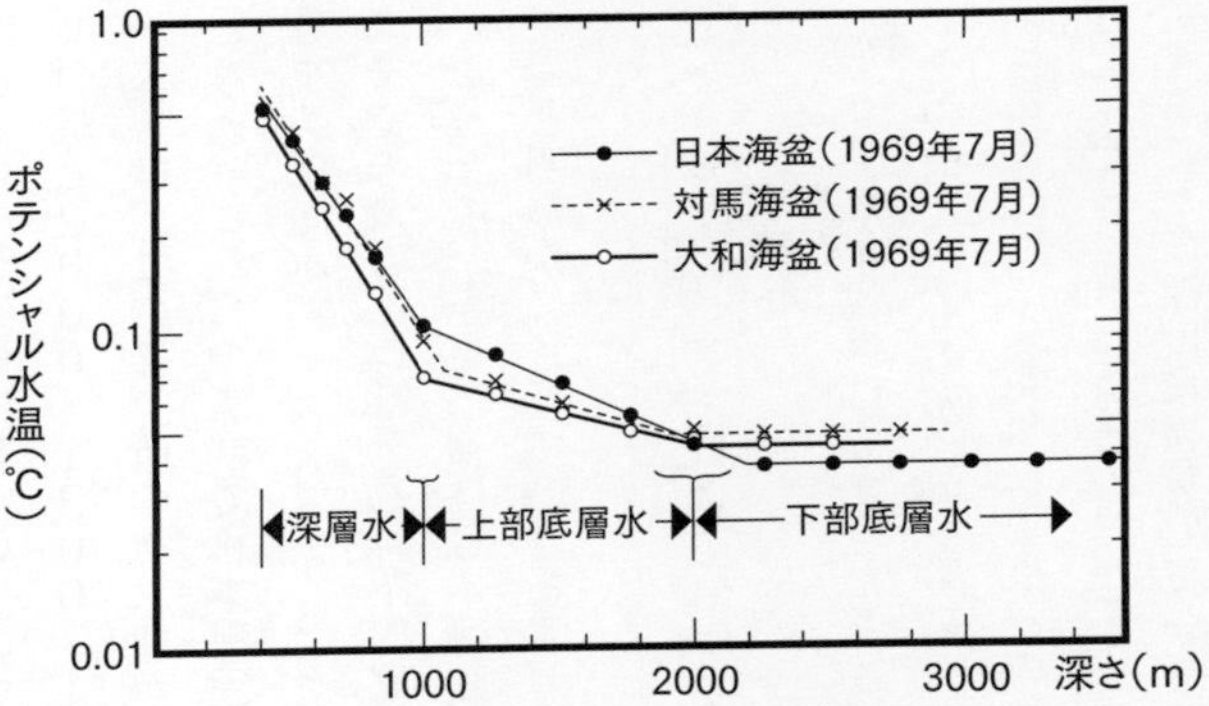

図3-6：日本海固有水の特徴を示す水温分布（Nitani (1972)を改変）
ポテンシャル水温については、74ページおよび本章のコラム参照。

（Nitani, 1972）。ぼくが日本海に興味をもつようになったきっかけの一つは、大学院生の頃にこの報告書を読んだことにあります。

先にお話ししたように、日本海固有水の水温は、0〜1℃というたいへん狭い範囲に収まっています。しかし、転倒温度計はプラスマイナス0・01℃程度の精度をもっているので、注意深く観測を行えば、わずか1℃の変化幅とはいえ、深さとともに水温がどう変化しているのかが見えてくるはずです。

図3-6は、1969年7月に海上保安庁の測量船「拓洋」が、日本海の三つの海盆で計測した400メートル以深の水温データを、横軸に深さをとって重ね書きしたものです。変化の幅が非常に小さいため、水温は対数目盛りで表されています。

三つの海盆のいずれにおいても、水温は深さとともにわずかずつ低下していくのですが、注目すべき特徴として、水深1000〜1100メートル付近と2000〜2300メートル付近に、明らかな折れ曲がりが認められます。

二谷は、この2ヵ所の折れ曲がりが日本海固有水の循環となんらかの関わりをもっているはずと考え、これらの深度で日本海固有水を区分しました。すなわち、1000メートルより浅い部分を「深層水」、1000〜2000メートルの範囲を「上部底層水」、2000メートルから海底までの最も深い部分を「下部底層水」とよびわけたのです。

こうして、発見当初は日本海固有水という名称で一括りにされていた水塊の内部構造が、だんだんと明らかにされていきます。

3-10 「見えないもの」を見せてくれる技術

1970年代半ばをすぎたところで、海洋観測に大きな技術革新がもたらされました。その最たるものが、「CTD」とよばれる高精度現場センサーの実用化です。CTDのCは「Conductivity」(電気伝導度)の略で、海水の電気伝導度から塩分を計算することができます。Tは「Temperature」、すなわち水温です。そしてDは「Depth」(深度)で、実際には水圧を測定することで深度に換算しています。

図3-7：初代の研究船「白鳳丸」（3226トン、東京大学所属）　1967年の竣工後、1988年まで活躍した。現在は2代目の白鳳丸（3991トン）が、海洋研究開発機構（JAMSTEC）によって運航されている（第6章のコラム参照）。

ぼくの大学院時代、研究を指導してくださった東京大学海洋研究所の堀部《ほりべ》純男《よしお》教授（現・東京大学名誉教授）は、海洋研究のフロントランナーとして、旧来の海洋観測手法を刷新し、新しい技術を次々と導入しました。

観測における技術革新は、それまで見えなかったものを見えるようにしてくれます。たとえば、このときわが国で初めて導入された高精度ＣＴＤ（米国ニールブラウン社製）センサーは、分解能がプラスマイナス０・０００５℃という、転倒温度計をはるかにしのぐ高精度で水温を計測することができました。

採水器に取りつけた転倒温度計では、たとえば１００メートルごととか２５０メートルごとというように、飛び飛びの深度でしかデータを得ることができません。一方ＣＴＤは、海中を降下したり上昇したりするあいだじゅう、休みなくデータを送ってくれます。深さとともに切れ目のないデータが取得できるため、ごく微細な水温構造まで把握することができるのです。

高精度CTDは、東京大学の研究船「白鳳丸《はくほう》」（図3－7）に登載され、1979年に実施された日本海での観測航海で、すばらしい威力を発揮することになります。

3－11 ついにとらえた日本海の「最深部」

日本海の4測点で、CTDが海底直上まで降ろされました。大学院博士課程を修了したばかりだったぼくに割り当てられた作業は、二進数で書かれた膨大なCTDの生データをまず磁気テープに記録し、ミニコンピュータを用いて、水温や塩分の数値データへと変換することでした。データ処理が順調に進み、ポテンシャル水温（水圧の影響で温度が上昇する効果を補正した水温のこと。詳しくは本章のコラムを参照）への変換もすんで、いよいよグラフを描くところまでこぎつけました。

縦軸に深さ、横軸に水温——。日本海固有水の水温の詳細な連続分布は、まだ誰も知りませんごくわずかな水温の変化まで見逃さないよう、横軸のフルスケールを0・1℃（0・03℃から0・13℃まで）に引き延ばし、「さあどうだ」とばかりにキーボードの実行キーを叩きま

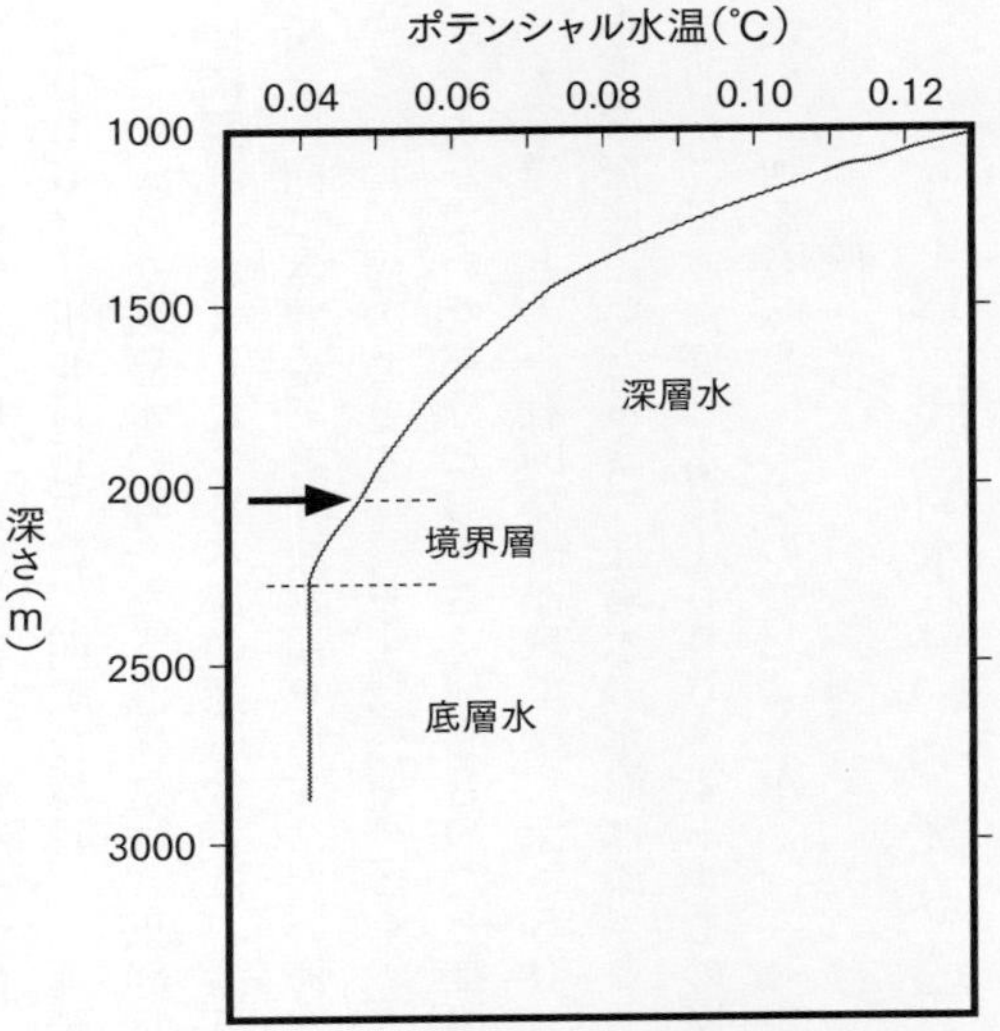

図3-8：明らかになった「日本海固有水の微細な水温構造」　1979年7月、日本海盆東部海域(北緯41度21分、東経137度20分)において、白鳳丸の高精度CTD観測によって初めて得られたポテンシャル水温の鉛直分布。太い矢印は、深層水と底層水との明確な境目(フロント)を示す(Gamo and Horibe (1983)を改変)。

した。

ディスプレーに表れた図(図３-８)を見た瞬間、ぼくは「やった、ついに出た!」と、躍り上がりたい気分でした。大げさに聞こえるかもしれませんが、世界で初めて、日本海の微細な水温構造が明らかになった瞬間だったのです。

この図には、重要な新事実が二つ含まれていました。

一つは、深さ１０００メートルから２０００メートルにかけて徐々に低下してきた水温が、水深が約２２００メートルより深くなると、分解能プラスマイナス0・0005℃の温度センサーをもってしても変化が見えないほど、均一になること。もう一つは、その均一層の少し上（図3－8に矢印で示した2000メートル付近）に、明瞭な境目（不連続面、あるいはフロント）の見えることです。

このような底層水の均一な水温構造は、東部日本海盆だけでなく、大和海盆や対馬海盆でも同様に観測されました。日本海の深海盆では、深さ約2000メートルを境目としてその下側に、鉛直方向にきわめて均一な水温を示す冷たい海水が普遍的にひろがっているようです。

この均一層のことを、「日本海底層水」とよぶことにしました。71ページ図3－6で下部底層水とよんでいた部分とおそらく同じものだと推測されます。

太平洋などの一般的な外洋域では、深さ5000メートルであろうと6000メートルであろうと、海底にいたるまで底層水の水温は深さとともにじわじわ低下し続けるのがふつうです。ところが、日本海底層水は1000メートルもの厚さにわたって水温が均一なのです。これはいったい、何を意味しているのでしょうか？

3－12 底層水はいつ沈み込んだのか

2－1節で、底のほうはまだぬるいのに、表面は熱くなっているお風呂のお湯をかき混ぜて、湯船全体の温度を均一にするたとえ話をしました（34ページ参照）。

日本海底層水が、厚さ１０００メートルにもわたって鉛直方向に均一な性質をもつ謎を解くカギが、このたとえ話に隠されています。これほどの厚みをもつ水塊の温度が一定であるということは、底層水の内部が活発にかき混ぜられ、上下混合が維持されていることを示唆しているのです。

もしそうでないなら、底層水はその上端で接している、より温度の高い深層海水と少しずつ混ざり合っていき、温度分布に不連続面など生じることはありません。連続的で、なめらかな温度分布となるはずなのです。

日本海の最下部にひろがる、最も低温で高密度な海水――。この底層水こそ、かつて日本海の北部から北西部にかけての沿岸域の表面にあり、冬季に強く冷却されて海底まで沈み込んだ高密度海水に違いありません。

この沈み込みは、いったいいつ起こったものなのでしょうか？

10年前でしょうか、１００年前でしょうか。あるいは１０００年前でしょうか。表面から沈み込んだときを時刻ゼロとして、その後の経過年数（海水の年齢）がわかれば、それを日本海の熱塩循環の時間スケールと見なすことができます。

ここで登場するのが、そう、放射性炭素（^{14}C）です。日本海底層水の年齢を教えてくれる〝ものさし〃です。

海水中の^{14}C分析は、現在では加速器質量分析法で行うのがふつうです。この方法では、試料中の^{14}C原子をすべて数えるので、海水試料は数百ミリリットルもあれば十分です。

しかし、1970年代後半にはまだ、このようなハイテク手法は存在しませんでした。^{14}Cを分析するには、試料中の^{14}C原子のうちのごく一部が放射壊変する際に発する微弱なβ放射線を辛抱強く数え上げる以外に手立てがなかったのです。精度の高いデータを得るためには、200リットルという大量の海水から^{14}Cを集める必要がありました。

ぼくの所属していた堀部研究室では、^{14}Cの測定を目的として、250リットルもの深層海水を採取できる大量採水器の開発を着々と進めていました（図3-9）。1977年に実施された白鳳丸の日本海航海（ぼくはこのとき、大学院博士課程の2年めでした）から、まことにタイミングよくこの採水器が実用化され、200リットルの日本海底層水が日本海の三つの深海盆から確

図3-9：日本海における放射性炭素分析を初めて可能にした大量採水器
内容積250リットルの採水器2台からなり、2つの異なった深度から採水できる。

実に採取されたのです。

この２００リットルの海水試料をステンレス製のドラム缶に移し、その場で全炭酸（ΣCO_2）をすべて抽出しました。海水に溶けた二酸化炭素（CO_2ガス）は、水と反応して弱い酸である炭酸（H_2CO_3）となり、さらに重炭酸イオン（HCO_3^-）や炭酸イオン（CO_3^{2-}）に解離します。これらをすべて足し合わせたものを「全炭酸」とよびます。

海水試料に塩酸を加えて酸性にすれば、全炭酸をすべて二酸化炭素に変えることができます。そこでドラム缶の中へきれいな窒素ガスを送り込んでこの二酸化炭素を海水から追い出し、濃アルカリ溶液１リットルに吸収させて陸上へと持ち帰りました。

3-13　日本海底層水の年齢がわかった！

東京大学の本郷キャンパスにあった総合研究資料館という研究施設（現在では総合研究博物館という名称に変わっています）の地下の一室に、^{14}C試料処理を行う化学実験室と高性能の^{14}C計測装置がありました。年齢を知りたい炭素試料からアセチレンガス（C_2H_2）を合成し、^{14}Cが発するβ放射線を数日かけてカウントするのです。

３年間の博士課程が修了する１９７９年までに、なんとしても結果を出さなければなりません。１９７７年から１９７８年にかけて、背水の陣を敷いたぼくは総合研究資料館に足繁く通い、日本海底層水の^{14}C分析に没頭しました。

海洋の^{14}Cデータには一つ、大きな問題があります。それは、海水中に含まれている^{14}Cは天然のものだけではなく、１９６０年代に米国や旧ソ連が行った大気核実験による人工の^{14}Cが混入していることです。

大気核実験以前に沈み込んだ底層水なら問題はありませんが、それ以降に沈み込んだ底層水には核実験でできた^{14}Cが混ざり込んでいるのです。底層水の年齢が若ければ若いほど、その影響が強く出ます。これをきちんと補正しないことには、底層水の年齢を正しく決めることができません。

このような人工^{14}C問題に注意しながら、日本海底層水から得られた^{14}Cデータを解析しました。ボックスモデルとよぶ海洋の基本的なモデルを用いて、日本海の表層水と底層水とのあいだで、全炭酸の収支と^{14}Cの収支がそれぞれ釣り合うためには、どのくらいの海水が表層と低層とのあいだで交換されていなければならないかを計算するわけです。

計算過程の詳細については当時の論文（Gamo and Horibe, 1983）に譲りますが、底層水の年齢として、「２００～４００年」という値に到達しました（その後、モデルの前提条件に少し修正すべきことがあると指摘され、計算をやり直した結果、これよりやや若い１００～２００年程度というのがより正しいだろうと現在では考えています)。

得られた結果に大きな幅があるのは、^{14}Cの半減期(5730年)に比べて、日本海底層水の年齢がきわめて若く、放射壊変による^{14}Cの減少がごくわずかしかないためです。それでも、日本海の熱塩循環が100年のオーダーで巡っていることに間違いはありません。

全海洋のベルトコンベアーが一巡するのに1000~2000年もかかるのに対し、日本海の時間スケールはそれより一桁小さいことが、こうして明らかになりました。

3-14　見えてきた底層水の循環経路――一致した二つの実測値

1-6節で、日本海において特に底層水が形成されやすい場所は、ロシア沿海州のウラジオストク沖らしいとお話ししました。

形成されたばかりのフレッシュな底層水は、最も高い酸素濃度を示すでしょう。そして、底層水が日本海の中を拡がっていくとともに、酸素濃度は徐々に減少していくはずです。日本海についてより深く知るためには、この風呂桶の全域にわたって、底層水中の酸素濃度の分布がどうなっているかを、ぜひ調べたいところです。

ところが現在、このような調査を行うのは容易ではありません。第2章のコラム(51ページ参照）で述べたように、国連海洋法条約に基づいて、日本海はその沿岸国のＥＥＺによって分割されているからです。

日本海をほぼ2等分した南東側はわが国のＥＥＺ圏内なので自由に調査できますが、北西側はそうはいきません。

特に、表面水の沈み込みが起こりやすいとされている日本海盆西部海域は、大部分がロシアのＥＥＺに含まれています。ロシアのＥＥＺ内に日本の研究船がいくら入りたくても、なかなか許可を得ることができないのです。

幸いなことに、ＥＥＺが設定されるはるか以前の１９６９年に、気象庁が日本海のほぼ全域に及ぶ一斉観測を実施していました。当時の日本海底層水の性質を知るうえで、たいへん貴重なデータが残されています。深度２０００メートルを超える底層水のデータだけを海図に書き込み、酸素濃度の等しい部分を結ぶ等濃度線を引いてみると、図３‐10のようになります。

予想どおり、ウラジオストク沖合の底層水で最も高い値（～２３５マイクロモル／キログラム）が観測されています。そこから離れるにつれて、酸素濃度が少しずつ減少していくようすがわかります。濃度が減少していく方向をたどってみると、ウラジオストク沖で生成した底層水は、そのすぐ南側の大和堆に行く手を阻まれ、東向き成分と南西向き成分とに分岐しているように見えます。

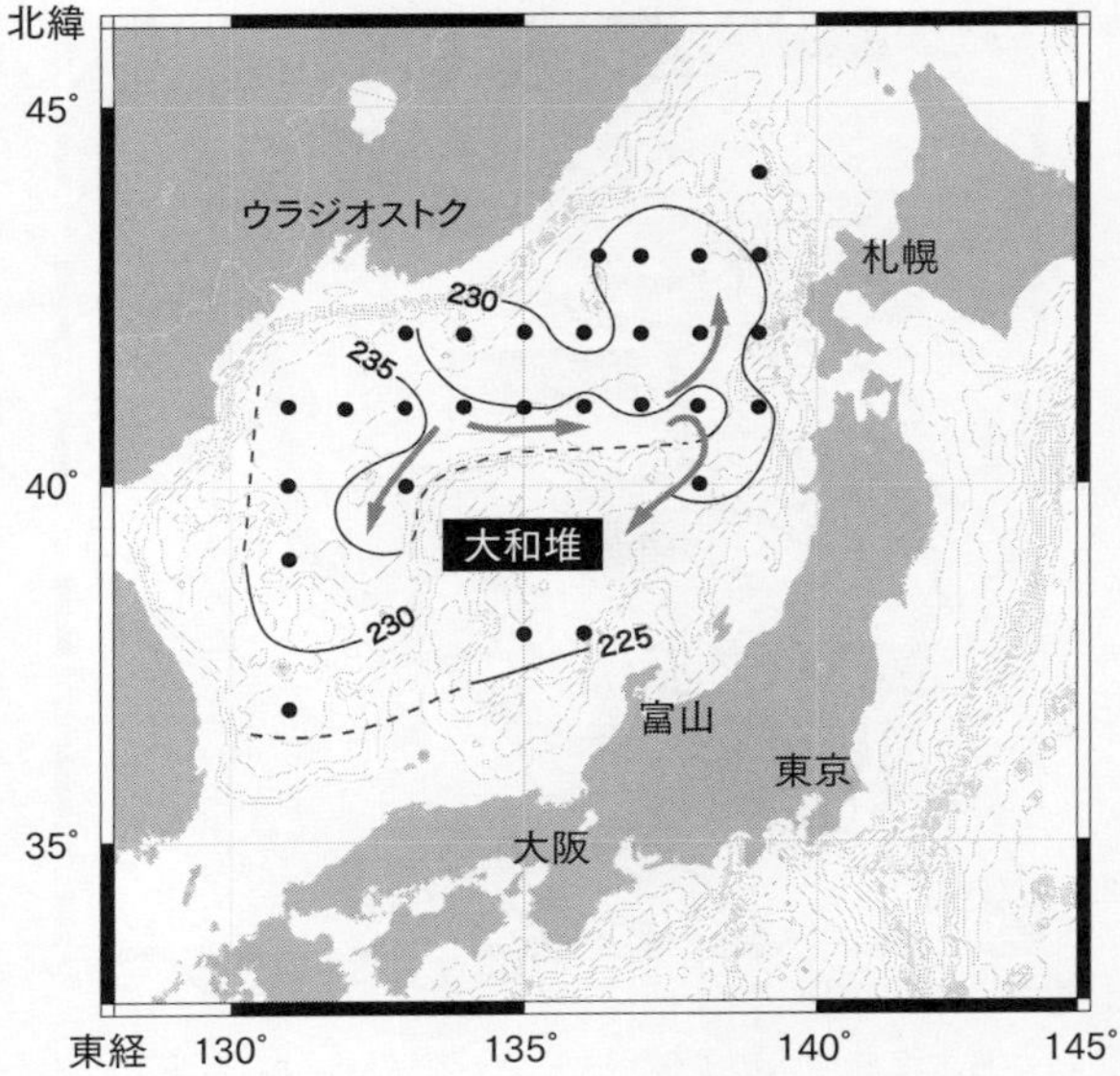

図3-10：日本海底層水の溶存酸素濃度の分布　1969年に気象庁によって観測されたデータ（Japan Meteorological Agency (1971)）に基づいて作図。矢印は、溶存酸素の分布から推定される底層水の流れる方向。

大和堆の北側を東向きに進む底層水は、こんどは日本列島とぶつかって北向きと南向きに分枝し、後者は大和海盆に向かっています。一方、大和堆に沿って南西向きに枝分かれした底層水は対馬海盆に向かうと推測されます。

このような底層水の流れは、「流速計」という装置を海中に長期間設置することで、直接計測することも可能です。

海洋物理学者である千手智《せんじゅとも》晴《はる》（九州大学准教授）は、CREAMS計画の一環とし

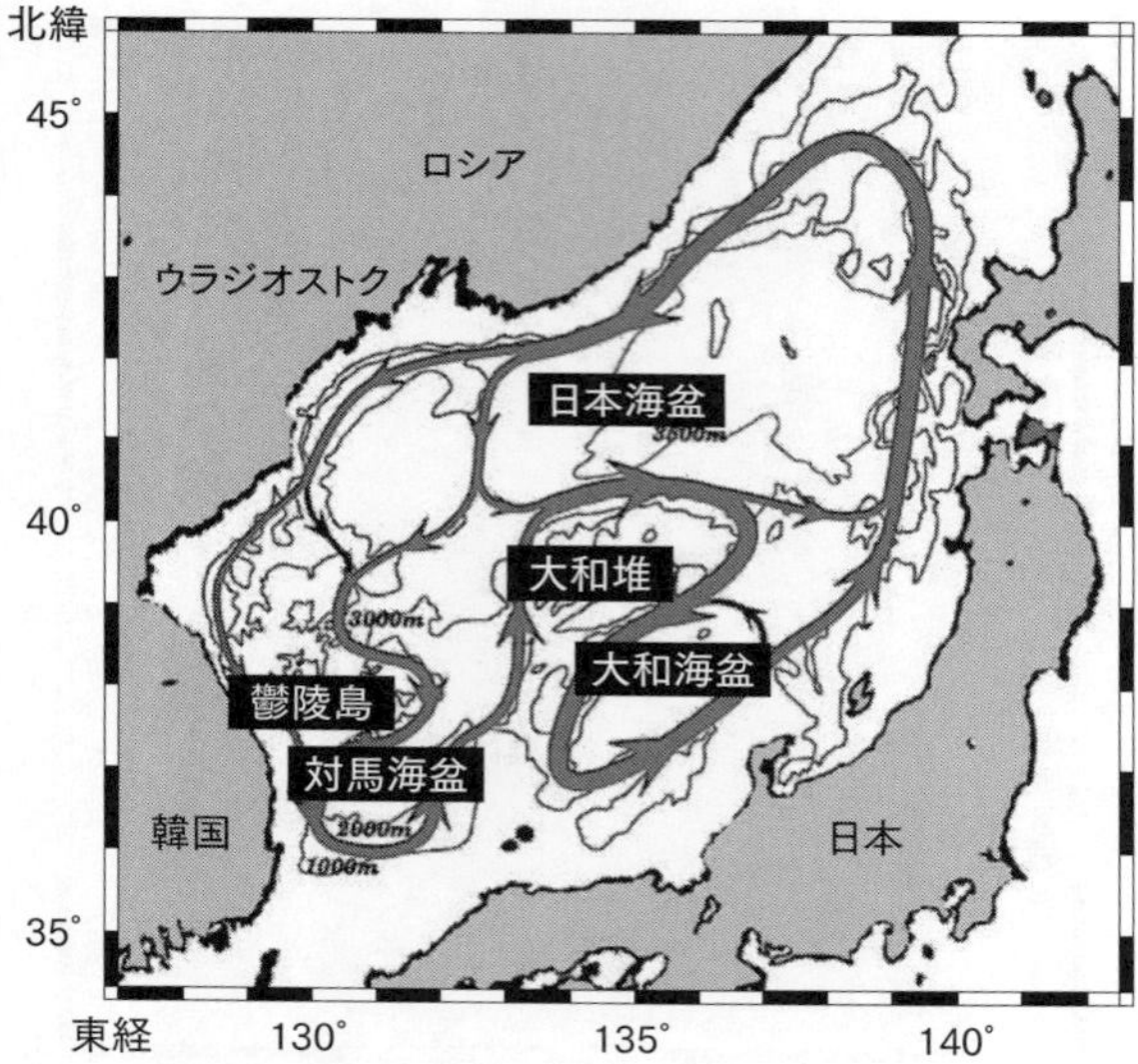

図3-11：日本海底層水の循環パターン　流速計による実測データからの推定（Senjyu *et al.* (2005)を改変）。

て、1999年から2000年にかけて、日本海の海底付近に流速計を多数設置して、流れの向きと強さを実測しました。その結果から推定される日本海の底層循環のパターンが図3－11です。

ウラジオストク沖合から南下する底層水は、日本海盆、大和海盆、対馬海盆の三つの海盆内で、それぞれ反時計回りの底層流を形成しているように見えます。

溶存酸素の実測値から推定される底層水の動き（図3－10）は、流速計による実測データ（図3－11）とおおむねよく一致しています。したがって日本海では、これらの図に示された流向のパターンで、１００～２００年程度で一巡するような底層水の循環が存在すると考えてよさそうです。

深い風呂桶の最深部のようすが、こうして少しずつ明らかになってきました。

海水の特徴を決める水温と塩分

海水の性質を詳しく知るための指標として、本書ではたびたび「水温」と「塩分」が登場します。

ところで、本書で「水温」とよんでいるのは、みなさんがふつうに思い浮かべる水の温度とは少々異なります。手をつけたときに感じる「現場の水温」そのものではなく、たいていの場合「ポテンシャル水温」を指しているのです。

ポテンシャル水温とは、現場の水温から水圧の影響を除いたものです。海洋、特に海洋深層の厳密な議論を行うときは、現場水温ではなく、ポテンシャル水温を使用します。

なぜでしょうか?

海中ではどこでも、水深に応じて水圧がかかっています。水圧は、深さ10メートルごとに1気圧ずつ上がっていきますから、深さ1000メートルで100気圧、5000メートルでは500気圧にも及びます。

ここで問題になるのが、海水に圧力が加わると温度が少し上昇することです。専門用語を用いると、「断熱圧縮にともなう昇温効果」とよばれる現象です。

海水の示す水温は、その海水の来歴を特徴づける重要な物理量です。しかしその水温が、深さ

（水圧）が変わることによって本来の値からズレてしまうのでは、海水の動きを追跡するのに、たいへん不便です。

こうして、「ポテンシャル水温」という仮想的な水温が登場することになります。ポテンシャル水温は、ある深度にある海水を、周囲と熱のやりとりなしで（つまり「断熱的」に）海洋表面（すなわち水圧0）まで移動させたときに、その海水が示す水温のことです。

一言でいえば、「水圧の影響を除いた水温」です。仮想的な値ですから実測はできませんが、現場水温と水圧、そして塩分から、計算によって求めることができます。

現場水温とポテンシャル水温との差は、水深が増すほど大きくなります。たとえば、水温10・0℃の表面海水（塩分35）が、断熱的に深海に沈み込んでいくとき、現場水温がどう変わっていくか見てみましょう。

深さ500メートルでは10・06℃と変化はわずかですが、深さ3000メートルまで沈むと10・40℃、深さ5000メートルでは10・73℃まで増加します。

現場の水温は、10・06℃（深さ500メートル）、10・40℃（3000メートル）、10・73℃（5000メートル）とまちまちですが、これらをポテンシャル水温に直すといずれも10・00℃となり、もとは同じ海水だったことがわかるというわけです。

海水を特徴づけるもう一つの基本量が「塩分」です。塩分とは、海水1キログラム中に含まれる塩のグラム数のことです。海洋学で通常よく使用する塩分は「実用塩分」とよばれるもので、数値には単位をつけない習慣になっています。

たとえば、「塩分34」といえば、海水1キログラム中に塩が34グラム含まれていることを意味します（以前の定義では、「パーミル（‰）」という単位をつけたこともありますが、現在は使わなくなりました）。

なお、塩分という言葉の中には「濃度」の意味がすでに含まれています。「塩分濃度」という用法をよく見かけますが、これは「塩濃度濃度」の意味となり誤用です。どうしても「濃度」をつけたい場合には、「塩濃度」にしましょう。

第4章

日本海の来歴

——どう生まれ、どう姿を変えてきたのか

日本列島は、かつてはユーラシア大陸の一部であり、そのとき日本海は存在しなかった。日本海が産声をあげるのは、今から約2000万年前のことである。それ以後の日本海の歴史が、岩石や堆積物に残された記録を丹念に調べることによって復元されつつある。

約250万年前に地球は氷河時代に入り、氷期と間氷期に対応して、海水準は100メートル以上も下降と上昇を繰り返した。

海水準が低下する氷期には、日本海の閉鎖性はいっそう強まり、熱塩循環が停滞して底層水が無酸素化するなど、大きな環境変化が繰り返された——。

4-1 日本海の誕生――それは、2000万年前に始まった

第1章から第3章で、現在の日本海の姿をかなり詳しくご紹介しました。続くこの章では、過去に視線を向け、日本海が誕生した時代まで遡ってみたいと思います。

そもそも日本海は、45・6億年といわれる地球の歴史のいつ頃から、北西太平洋の現在の位置に存在していたのでしょうか？

これは、今から500年前（室町時代）とか1000年前（平安時代）といった程度の、歴史の教科書で扱えるようなレベルの過去ではありません。この程度の昔なら、日本海は今とほとんど変わらない姿をしていたはずです。日本海の誕生まで遡るには、1000年や2000年などほんの瞬《またた》きにしかすぎない、1000万年とか2000万年といったおそろしく長い時間のものさしを、地球の歴史にあてがう必要があります。

地球表面の大陸は、数億年ごとに一つの「超大陸」にまとまったり、あるいはバラバラに分裂したりすることを、何度も繰り返してきました。最近では約2億年前、地球上のすべての大陸は「パンゲア」とよばれる超大陸にまとまっていたと考えられています。それが現在までの2億年のあいだに分裂して移動し、いくつかの大陸が散在する姿へといたりました。

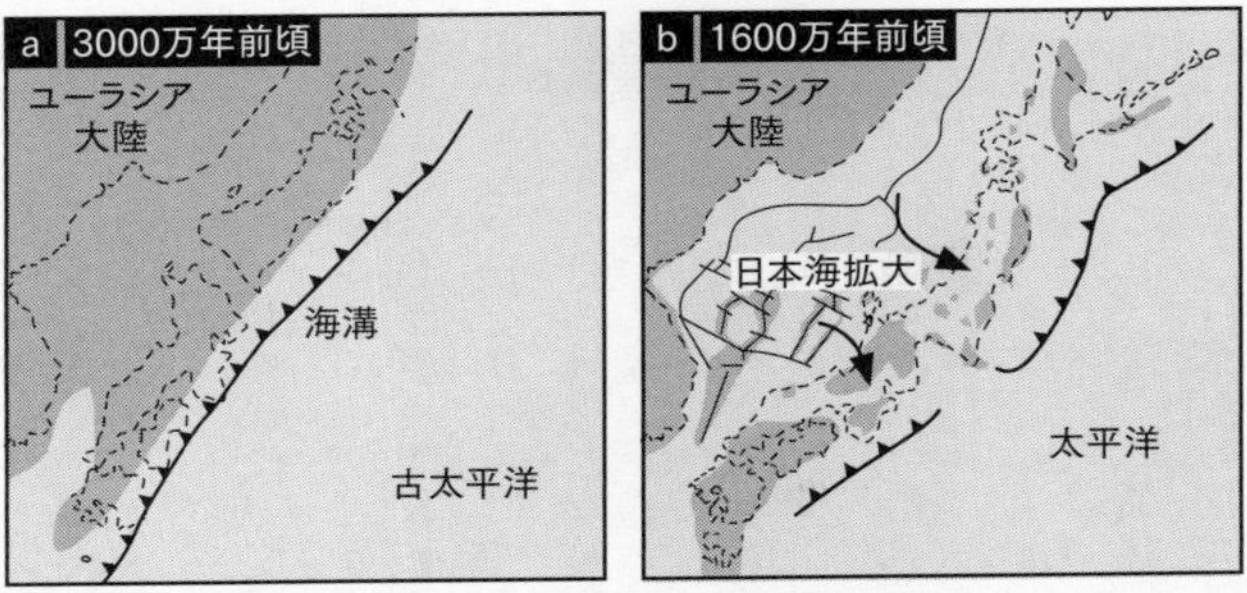

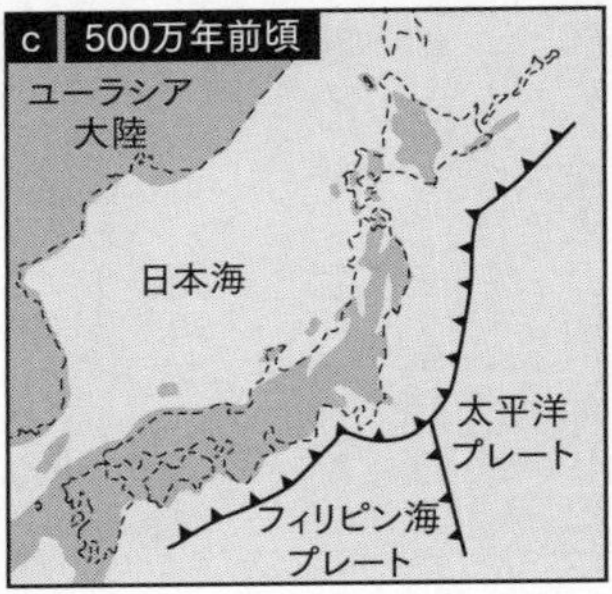

a 日本列島はまだ、ユーラシア大陸の一部だった　b 日本海が拡大し、陸の一部が大陸から離れ始める　c 日本列島の形成

図4-1：日本海と日本列島はどう形成されたか？　ユーラシア大陸から日本列島が分離し、日本海が形成されたプロセスの想像図（https://www.gsj.jp/event/2008fy-event/pos-index.html#b001の図を引用）。

陸を移動させる原動力は、地球深部のマントルで生じている大規模な熱対流と、マントルの一部が地表まで噴出する火成活動です。このような地球の営みは、「プレートテクトニクス」という理論体系にまとめられており、日本海が生まれたのも、この基本的な地球の営みの一環と考えられます。

図４-１aは、今から約３０００万年前、地質学的な年代表記では新生代の漸新世とよばれる時代の北西太平洋のようすを示したものです。濃い灰色の部分が陸、淡い灰色の部分が海です。寒冷前線のように見えるラインは、プレートとプレートの

境界線を表し、海側のプレートが陸側のプレートの下側に沈み込んでいたことを示しています。日本列島や日本海はまだ、影も形もありません。日本列島の土台となる陸の部分は、ユーラシア大陸の一部でした。ちなみに、恐竜が絶滅するのは約6500万年前のことですから、それよりはかなりのちの時代です。

今から約2000万年前のある時期、ユーラシア大陸の東端に亀裂が入り、しだいに拡大を始めました。これが、日本海のはじまりです。当時はまだ、小さな入り江のような海でした。この海——というよりも陸にできた亀裂——が、だんだん大きく拡がっていき、それとともにその東側のやがて日本列島となる陸塊が、南東方向に押し出されていきます。

火成岩に残された古地磁気（残留磁気）を測定すれば、その岩石が固結したとき、どちらの方向を向いていたかが復元できます。日本海が拡大の途上にあった頃に生成した火成岩の残留磁気を時代を追って並べてみると、現在の東北日本にあたる部分は反時計回りに、西南日本に相当する部分は時計回りに、それぞれ回転しながら、ユーラシア大陸から離れていったことがわかります（図4-1b）。

太平洋側から見ると、ちょうど観音開きの2枚の扉を手前に引き出すようなイメージで地塊の移動が起こり、現在の弧状にそりかえった日本列島のかたちの原型がつくられたのです。

このような日本海の拡大は、約1400万年前に終了したことが、やはり残留磁気の研究から明らかにされています。この時点で、ユーラシア大陸に対する日本海と日本列島の相対的な位置関係が確立したということです。１４００万年という時間は、全地球史の45・6億年から見ればわずか０・３パーセントにすぎません。ごくごく最近の出来事なのです。

その後、周囲のプレートの動きや地塊の衝突、火成活動などに日本列島はもまれ続け、少しずつ形を変えていきますが、５００万年前頃になると、日本列島の形状はかなり現在に近いものになったと推定されています（図４‐１c）。

4-2　日本海はなぜ、この時期に形成されたのか

約２０００万年前に日本海が産声をあげ、そしてほぼ今の大きさになった１４００万年前にその拡大が終了したことは、日本海の堆積物や岩石の研究からほぼ立証されています。それではなぜ、この時期に、今の大きさの日本海が誕生したのでしょうか？

たいへん興味をひかれる問題です。なんらかの必然性があったはずですが、具体的なメカニズムについてはまだ十分に解明されていません。今後の研究を待たねばなりませんが、大まかには、以下のような考え方が有力とされています（図４‐２）。

プレートテクトニクスの教えるところによれば、日本海の形成よりさらに２０００万年ほど遡

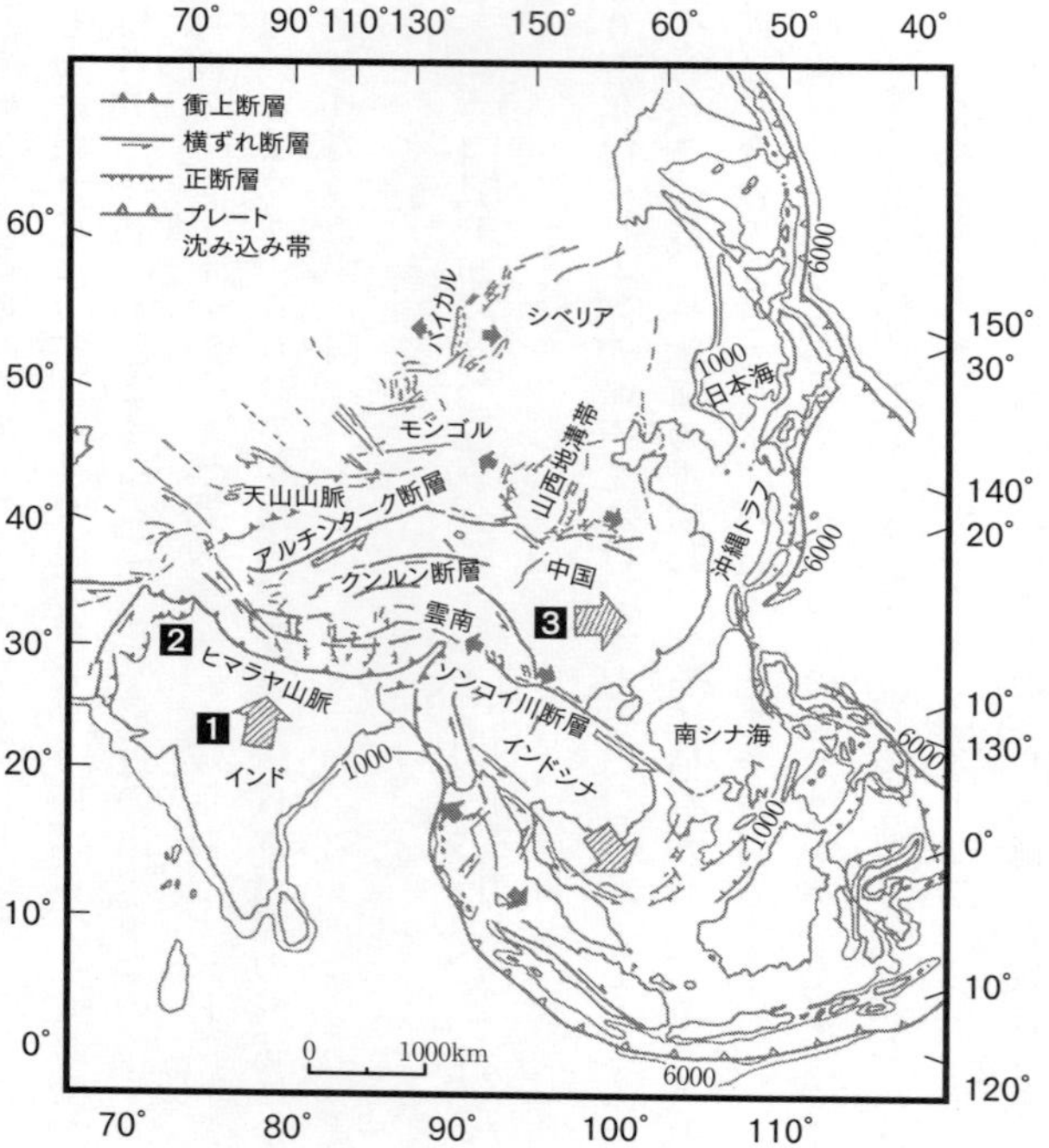

図4-2：インドの衝突に伴う東アジアの地殻変動　❶インド亜大陸がユーラシア大陸に衝突、❷ヒマラヤ山脈やチベット高原が隆起、❸その下にあるマントル部分に西から東へと向かう流動が引き起こされた（平(1990)に基づく）。

った時期に、注目すべき大事件が起こります。インド洋を北上していた巨大な陸塊＝インド亜大陸がユーラシア大陸に衝突し、そのままじわじわと食い込んでいったのです。その結果、ヒマラヤ山脈やチベット高原は圧縮力を受けて隆起しました。また、その下側にあるマントル部分にも影響が及び、インド亜大陸の東側と西側へ向かうマントルの流動が引き起こされたらしいのです。

この東向きのマントルの動きが、東アジア全域にわたって大陸地殻に歪《ひず》みをもたらし、あちこちに北東－南西方向の亀裂を生じさせ、そこから火成活動が活発化した可能性が地質学者によって指摘されています。

ユーラシア大陸の東端にできた亀裂の一つが拡大すれば、それが日本海の誕生につながり、さらに時期を同じくして、もっと南にできた亀裂からは南シナ海が誕生したのでしょう。また、東アジアの亀裂の一環として、現在も火成活動を継続しているのが、琉球諸島の北西側の海底火山帯、すなわち沖縄トラフであると考えることができます。

インド亜大陸がユーラシア大陸に衝突し、チベット高原などを隆起させたことには、もう一つ大きな波及効果がありました。アジアの大気循環システムに影響を与えたのです。すなわち、冬季のシベリア寒気団の発達を促し、その結果、寒冷な季節風が日本海方面に強く吹きつけるようになりました。

インド亜大陸の衝突が遠因となって、はるか極東では日本海が生まれることになり、かつそれにシンクロするように、大気中では北西季節風が強められ、やがて日本列島に大量の降雪をもたらす準備が整ったというわけです。広く東アジア全域を巻き込んで、何千万年もかけて演じられた壮大な玉突き現象のように感じられます。

4-3 もし日本海がもっと大きかったら……？

ところで、以下はぼくの妄想です。

もし、日本海の拡大が１４００万年前で終了せず、その後もなお続いていたら、どうなっていたでしょうか？

日本列島はもっともっと東へと押し出され、ユーラシア大陸からかなり離れてしまったことでしょう。絶海の日本列島――。大陸からのアクセスは当然、悪くなります。日本列島への現生人類の到達は、今から3万～4万年前頃であったと推定されていますが、きっとそれよりも遅れてしまったに違いありません。

あるいは、こんな空想もできます。日本海拡大のタイミング（２０００万年前～１４００万年前）が少し遅れて現在までずれ込み、今なお日本列島がユーラシア大陸の一部のままだったとしたら？　または、日本海の拡大が中途半端に終わり、日本列島が現在よりもずっと大陸寄りの位置にあったとしたら？

確実にいえることは、現在に比べて気候はより大陸的になり、寒冷で乾燥したものとなることです。温暖かつ湿潤な気候によって育まれた、情緒あふれる独自の日本文明は、はたして開花できたでしょうか。実際にたどった歴史よりも周辺国の脅威にさらされやすくなり、殺伐とした風土のなかで日本という国そのものが建国できたでしょうか。……どれもこれも危うい気がします。

現実はそうではありませんでした。アフリカで誕生した現生人類がユーラシア大陸を横断し、ついに日本列島を目前にした３万～４万年前、そこにはほどよい大きさの日本海がすでに用意されていたのです。事実は小説よりも奇なり。ほんとうにふしぎですね。

4-4　氷期と間氷期の繰り返しのはざまで

閑話休題。話の流れを元に戻して、日本海成立後の歴史を、現在に向かって、さらにたどっていくこととします。

今から258万年前の新生代第四紀に入る頃から、地球の気候は寒冷化に向かいます。「氷河時代」に突入したのです。氷河時代の最中には、比較的寒冷な「氷期」と温暖な「間氷期」が、約10万年の周期で繰り返されます。氷期と間氷期とのあいだの気温差は、地域や時代によって異

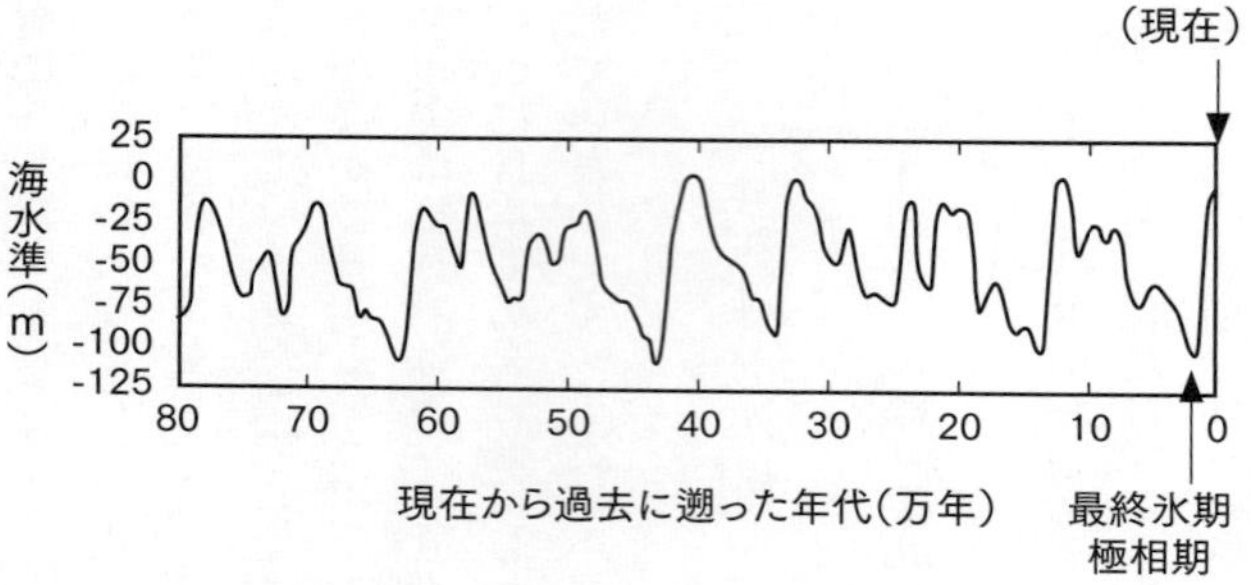

図4-3：過去80万年の海水準の変動　現在を0とした相対値（Bintanja *et al.* (2005)を改変）。

なるために一概にはいえませんが、ざっと5～10℃程度です。日本海は、この頃には現在とほとんど同じ形状になり、この気候変化の影響をまともに受け続けました。

日本海にとっては、海面の高さ（海水準）がとりわけ重要です。世界の海水準は、氷期と間氷期のあいだで100メートル程度変化します。寒冷な氷期には、陸上に降った雨が海に戻らず氷河となってとどまり、海洋から大量の水が氷として陸上に移動するために海水準が下がります。

図4-3は、過去80万年にわたる海水準の変動を復元した一例です。周期的に上がったり下がったりしてきたことがよくわかります。

過去の日本海の環境がどのようであったのかを知る手がかりが、日本海の海底堆積物の中に遺されています。海底堆積物とは、海水中を沈降する細かい粒子（生物由来の有機物＝マリンスノーや大気降下物など）が少しずつ積み重なったものです。古い時代の堆積物の上に新しい時代の堆積物が、順々に蓄積していきます。堆積物の化学的特徴や、その中に残されている生物の化石などが、当時の海水や海底面の化学的環境をぼくたちに教えてくれるのです。

陸上でも、たとえば道路をつくるために山の斜面を削り落とすと、地層の積み重なりや、褶《しゅう》曲《きょく》して波打っているようすがきれいに見える場合がありますね。地層の中から海洋生物の化石を掘り出した経験をお持ちの方もいらっしゃると思います。かつて海底で堆積した地層が、地上に隆起しているのです。

海底堆積物は、海底に丈夫なパイプを突き通すことによって回収できます。日本海の海底には、いったいどんな歴史が隠されているのでしょうか？

4-5　海底に記録されていた「氷期の日本海」
──かつて〝死の海〟だった

1989年、国際深海掘削計画（Ocean Drilling Program: ODP）を担う掘削船・ジョイデスリゾリューション号（図4-4）が日本海に入り（ODP-127航海）、日本海盆から大和海盆にかけて4地点で海底をボーリングし、厚さ数百メートルに及ぶ堆積物の柱状試料を採取しました。「コア試料」とよばれるものです。

これらの堆積物には、たいへん興味深い共通点がありました。図4-5は、堆積物を半分に分

図4-4：海底掘削船「ジョイデスリゾリューション号」 掘削パイプを海底まで下ろすために、船の中央に巨大な櫓をもっている。1990年に筆者が撮影したもの。

割した断面の写真です（「半割写真」といいます）。日本海のコア試料を、浅いところから深いところに向かって——つまり、現在から過去に遡って——並べてみると、黒色層と白色層の繰り返しが、延々と続いていることがわかりました。そしてそれは、過去250万年、すなわち氷期-間氷期サイクルの始まった頃から現在まで、途切れることなく繰り返されていたのです。

黒い部分は有機物に富み、他方、白い部分は有機物をほとんど含んでいませんでした。この奇妙な黒白模様は、いったい何を示しているのでしょうか？

海底堆積物の性質に強い影響を及ぼすのは、海底堆積物が直接接する日本海底層水です。日本海底層水の性質次第で、海底堆積物の組成が変わることになります。

もし、日本海底層水が酸素の少ない還元的な性質をもっていたなら、海中を降下する有機物は完全に分解されないまま、海底に到達します。そしてヘドロとなって海底面を覆い、そのまま海底下に埋没していきます。このようにしてできた堆積物の色は、黒っぽくなります。

一方、日本海底層水が十分に酸素を含んでいて、海洋表層から降下する有機物が完全に酸化分解されるような酸化的な環境であれば、海底堆積物は白っぽい無機物の色となります。「生痕《せいこん》」とよばれる、底生生物が海底面を掘り返した跡がたくさん残っている場合もあります。

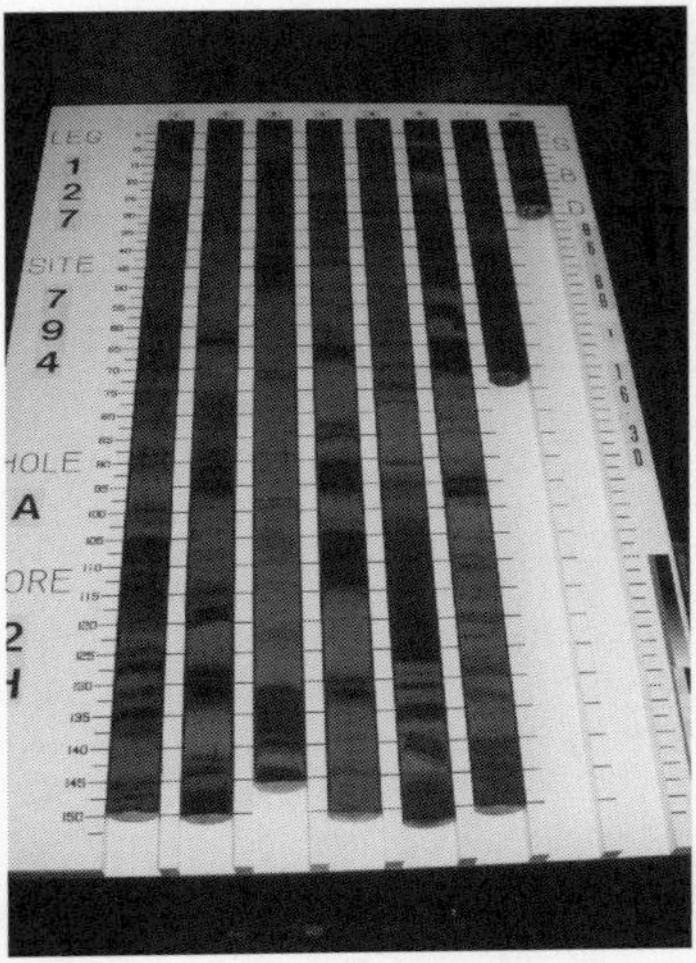

図4-5：1989年のODP深海掘削で採取された日本海の海底堆積物の半割写真（写真提供：多田隆治）

つまり、図４－５の縞模様は、過去250万年にわたり、日本海底層水が「酸素を豊富に含む状態」と「酸素に乏しい状態」とを、ひんぱんに行き来してきたことを示しています。堆積物に年代軸を重ねてみると、黒っぽい層が頻出する時期はおおむね氷期に、白っぽい層は間氷期にほぼ対応することがわかります。

これはすなわち、氷期の日本海で

は、底層水が無酸素、もしくはそれに近い状態になりやすかったことを示しています。先にもお話ししたように、日本海の底層に酸素を補給できるのは唯一、「表面海水の沈み込み」だけです。

氷期の日本海は、海水準の低下によって海底までの水深は間氷期より浅くなっていました。それにもかかわらず、表面水の沈み込みはむしろ起こりにくかったのです。別の言い方をすれば、十分に密度の高い、すなわち重い表面海水が形成されにくい環境にあったと考えられます。

第1章のコラム（31ページ参照）でご紹介した黒海の話を思い出してください。水深わずか150メートルで酸素濃度がゼロとなり、酸素呼吸をする生物にはとうてい生きていくことのできない〝死の海〟――。かつて日本海にも、そのような時期が存在したというのです。

いったいなぜ、そのような環境になってしまうのでしょうか？

4-6 海面が120メートル下がった世界

氷期には、海水の一部が陸上の氷として凍結し、地上に固定されるために、海水準が低下することを先に述べました。今から約2万年前の最終氷期極相期（陸上に氷河が最も発達した時期。98ページ図4-3参照）は特にそれが著しく、全世界の海面は、そのレベルが現在よりも約120メートルも低かったと推定されています。

海水準の低下は、もちろん日本海でも起こります。海面が下がったぶんだけ、水深の浅い部分は陸化することになります。図４－６は、最終氷期極相期に、日本海周辺の海岸線がどのようなものであったかを復元したものです。

瀬戸内海はほとんど陸と化していました。水深が10メートルほどしかない間宮海峡と、50メートルほどの宗谷海峡もまた、完全に陸化していたことでしょう。一方、最大深度が約１３０メートルある対馬海峡と津軽海峡は、陸と海の境目のきわどいところにあったと考えられます。

図4-6：最終氷期極相期（約2万年前）に想定される日本海周辺の海岸線（原図はhttp://www.osaka-kyoiku.ac.jp/~syamada/map_syamada/PhysicalGeography/C111220Map_Japan_LGM_PhysGeogII2011b.jpgより引用）

果たしてこのとき、対馬海峡や津軽海峡は陸化していたのか？――多くの研究者の興味を惹き、さまざまな議論が交わされてきました。

対馬海峡については、その海底地形の形状からは、深さ10～20メートル、幅15キロメートル程度の〝水路〟が維持されていたと考えられること、対馬海峡の海底から最終氷期極相期の年代を示す貝の化石が見つかったことなどから考えて、わずかに〝海水の通り道〟が残っていた可能性が高いと推測されています。

しかし、水路としてはきわめて細く、浅くなっていたことは確実です。実際に、この水路から日本海に流入していた対馬暖流の流量は、現在の1パーセントにも満たないものだったと推定されています。

津軽海峡も対馬海峡と同様に、深さ10〜20メートル程度の水路が残り、完全には閉じていなかったと見られています。しかし、その水路の幅は対馬海峡よりさらに狭く、2〜3キロメートルほどのきわめて細いものであったようです。

4-7 〝死の海〟と〝豊穣の海〟を切り換えるトリガー

この時期の東シナ海は、瀬戸内海と同じく、大部分が陸化していました。大陸の海岸線が日本列島のすぐ西側に迫ったことで、対馬海峡の手前には、長江などの大陸の河川水の影響を受けた低塩分の沿岸水が押し寄せていたと考えられています。

日本海を囲む陸地からは、氷期か間氷期かに関わりなく、淡水の河川水が日本海に流れ込んで表面水の塩分を下げようとします。最終氷期極相期の日本海では、対馬海峡から高塩分の対馬暖流がほとんど流れ込まなくなったために、表面水の塩分は低下し続け、ついに現在の3分の2程度まで低下したと考えられています。そのぶん密度は小さくなり、軽くなったことでしょう。その結果、２‐１節でお話しした成層構造（重い深層水の上に軽い表層水が浮かんだ構造）が強化され、いくら冷やしても表面水の密度を十分に大きくできなくなりました。このような状態では、熱塩循環はほぼ停止していたと考えられます。

熱塩循環がなければ、日本海の深層や底層に酸素ガスが供給されなくなります。２‐３節でお話ししたように、酸素ガスは光合成の起こる海洋の表面だけで生産されます。そして、この酸素のおかげで表面水中では生物活動が問題なく継続し、表層から深層に向かって生物由来の有機物（マリンスノー）が沈降し続けます。

それを酸化分解する深層水中の酸素ガスは、補給されないために減少の一途をたどり、ついに使い尽くされると、無酸素状態にいたってしまいます。これこそ〝死の海〟の実態であり、第1章のコラム（31ページ参照）でご紹介した黒海のケースとまったく同じ状況です。

日本海の場合、熱塩循環が停止すると、底層水中の酸素ガスは２００～３００年程度であっけなく使い尽くされたと推定されます。その推定の根拠は、現在の日本海で人為的な地球環境変化によって底層水中の酸素ガスがまさに減少しつつあり、その減少の速さが実測されていることにあります（これについては第6章で詳しく紹介します）。

氷期が終わって間氷期に入ると、陸上の氷河は融け、海水準が上昇します。また氷期のあいだにも、一時的に気候が温暖化して海水準が上昇することもあります。いずれの場合でも、津軽海峡や対馬海峡が開き、外洋からの海水が日本海に流入してきます。

こんどは表面海水の塩分が増加し、密度の増加した重い表面海水の沈み込みが再開されるでしょう。それが底層まで届くようになれば、底層水に酸素が戻ってきます。

酸化的環境（酸素のある状態で生物が住める）から還元的環境（酸素のない状態で生物は住めない）になり、それがまた酸化的環境に戻る——。〝死の海〟と〝豊穣の海〟とのあいだを行き来する日本海底層水のひんぱんな環境変化が、海底堆積物に黒と白の縞模様を繰り返し描いてきたというわけです（101ページ図4－5参照）。

第2章で、現在の日本海は環境変化にたいへん敏感な海であると述べました。しかし、〝海洋のカナリア〟は決して最近になって現れたわけではなく、過去の日本海においても同じことがいえるのです。

4-8 「日本海の過去」を知る生き物たち

日本海の過去の環境（古環境）がどのようなものであったのか、その復元には、さまざまな生物の化石が有効に利用されてきました。生物といっても、顕微鏡でないと識別できないようなごく小型の生物です。

特に有用なのが、「有孔虫《ゆうこうちゅう》」とよばれる、炭酸カルシウムの殻をもった微小な原生動物の化石です。沖縄や八重山諸島の土産物店で、星形の突起のある細かい砂が販売されているのをご存じでしょうか。「星の砂」の愛称で知られるこの特産品は、実は熱帯のサンゴ礁海域に生息する有孔虫の一種です。

有孔虫には、海底面に生息する「底生有孔虫」と、海水中をプランクトンとして漂う「浮遊性有孔虫」の二つのタイプがあります。海底堆積物からこれらの化石を丹念に拾い出して、その種類（群集組成）を調べ、殻の形態観察、化学分析、同位体分析などを行うことによって、どこで生息していた種か、どんな温度環境に置かれていたのか、といった情報が得られます。底生有孔虫からは底層水の、浮遊性有孔虫からは表層水についての情報が、それぞれ別々に得られるのです。

たとえば、ある種の浮遊性有孔虫の殻は、巻き貝のように渦を巻いています。生息していたときの水温が、ある値より高ければ右巻き、低ければ左巻きになることが経験的に知られており、当時の生息域が暖かかったか寒かったか、すなわち海水温が高かったか低かったか、を知るための有効な指標となります。なぜ水温が殻の巻き方に影響するのか実にふしぎですが、その理由はまだよくわかっていません。

また、有孔虫の炭酸カルシウム（$CaCO_3$）でできた殻が成長するとき、質量数18の酸素（^{18}O）と質量数16の酸素（^{16}O）との割合（約1対500）が、水温が高いほど小さくなることが飼育実験によって明らかにされています。水温1℃の増加によって、$^{18}O/^{16}O$比は0・02パーセントほど低下するのです。

したがって、堆積物試料中に含まれる有孔虫化石の酸素同位体比（$^{18}O/^{16}O$）を測定することによって、その有孔虫が殻をつくった時代の水温（古水温）を復元することができます。ただし、有孔虫の$^{18}O/^{16}O$値は、水温だけではなく海水（H_2O）の$^{18}O/^{16}O$値にも依存するので注意が必要です。

古水温を推定するには、別の方法もあります。炭酸カルシウム（$CaCO_3$）の殻の中には、不純物として炭酸マグネシウム（$MgCO_3$）が0・1〜1パーセント程度混入しています。このマグネシウムの混入の度合い（Mg／Ca比）は、水温が高いほど大きくなることが知られています。したがって有孔虫化石のMg／Ca比もまた、古水温の復元に活用できるのです。

有孔虫のほかに、珪藻《けいそう》とよばれるケイ素（Si）を含む植物プランクトンの化石も、海底堆積物中に含まれています。珪藻も、その種類ごとに生息環境が異なるため、化石種を詳しく調べることによって、どこからやってきた珪藻なのか、それらを運搬した海流はどのように流れていたのかなど、古環境に関する重要な情報を復元することができます。

4-9　過去の生物は何を知っているのか

わかりやすい実例をお目にかけましょう。

図4-7は、古海洋学者・大場《おおば》忠道《ただみち》（北海道大学名誉教授）らの研究によって復元された、過去9・5万年にわたる日本海の環境変遷のあらましです。

第3章でご紹介した1977年と1979年における白鳳丸の日本海航海では、海水の分析だけでなく、海底堆積物の調査が並行して行われました。このとき、10万年もの時間をかけて堆積した長さ約10メートルの柱状コア試料を隠岐堆から採取した大場は、共同研究者とともにこのコア試料の分析とデータ解析に全力を傾注し、日本海の古環境研究を大きく進展させました。

図4-7を、時代とともにたどってみましょう。氷期のレベルが深まりつつあった9・5万～3・3万年前、表面水の沈み込みは起こりにくくなり、海水循環は弱まっていきました。続く3・3万～1・9万年前、最終氷期極相期に近づくと、上下の混ざり合いがまったく起こらなくなります。これは、堆積物中に底生有孔虫の化石がまったく含まれなくなることから確認できま

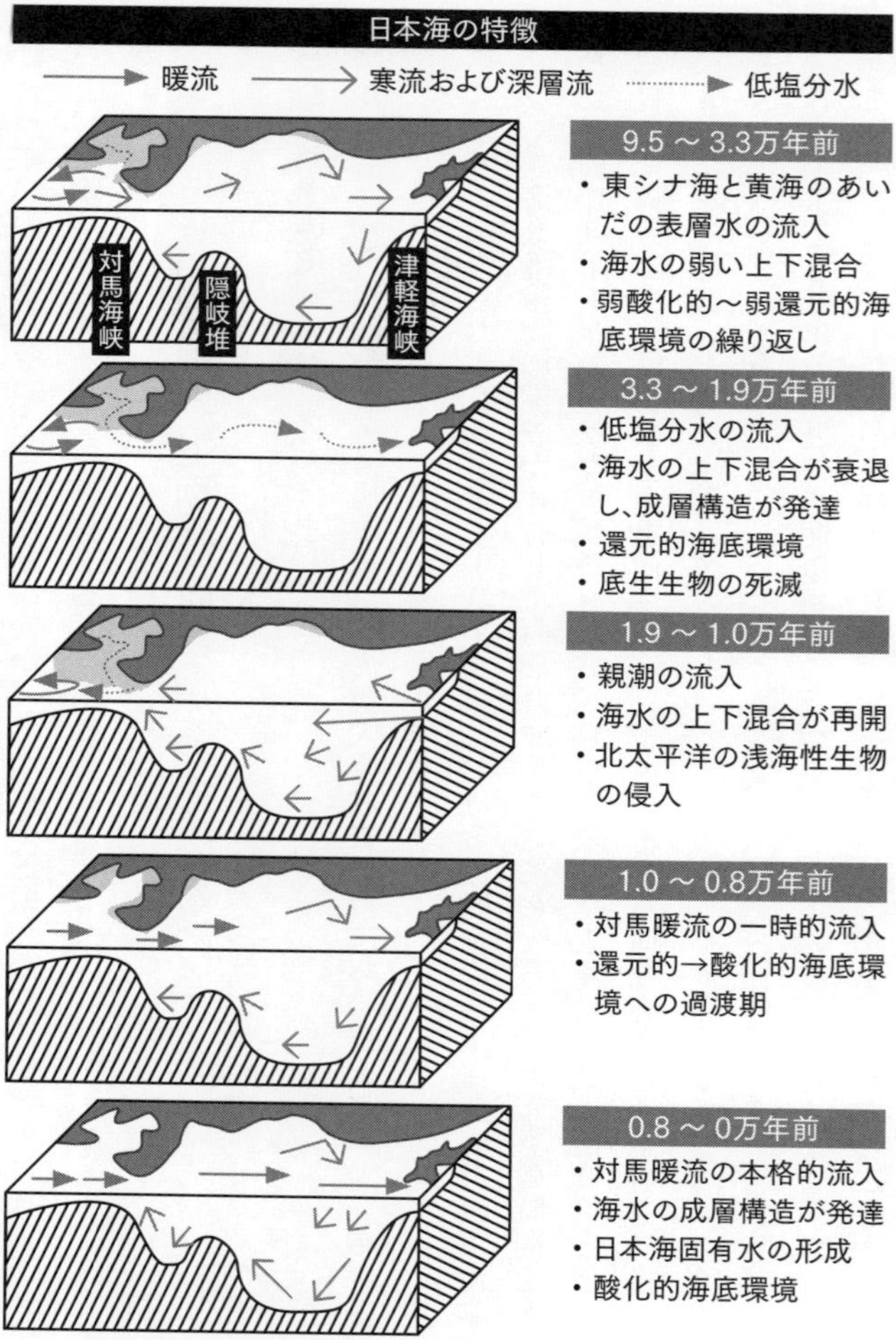

日本海の特徴
暖流
寒流および深層流
低塩分水
対馬海峡
隠岐堆
津軽海峡
9.5 ～ 3.3万年前
・東シナ海と黄海のあいだの表層水の流入
・海水の弱い上下混合
・弱酸化的～弱還元的海底環境の繰り返し
3.3 ～ 1.9万年前
・低塩分水の流入
・海水の上下混合が衰退し、成層構造が発達
・還元的海底環境
・底生生物の死滅
1.9 ～ 1.0万年前
・親潮の流入
・海水の上下混合が再開
・北太平洋の浅海性生物の侵入
1.0 ～ 0.8万年前
・対馬暖流の一時的流入
・還元的→酸化的海底環境への過渡期
0.8 ～ 0万年前
・対馬暖流の本格的流入
・海水の成層構造が発達
・日本海固有水の形成
・酸化的海底環境

図4-7：日本海の最終氷期以降の古環境復元図　沿岸域の淡い灰色部分は、当時陸化していたことを示す（大場（1983）をベースに、最新の研究成果を反映させたもの（大場、私信））。

す。底生有孔虫が生息できなかったということは、表層からの酸素の供給が断たれ、底層水は無酸素状態となって〝死の世界〟と化していたことを示しているからです。

氷期から間氷期に移り変わる1・9万〜1万年前にはまず、寒冷な海流である親潮が、津軽海峡を経由して日本海に流入しました。この時代の海底堆積物中に、底生有孔虫の化石が出現し始めるのですが、それらが寒冷な北太平洋の浅い海域に特有の群集のものであることから、親潮経由でやって来たとわかるのです。

海水準の上昇とともに、対馬暖流が少しずつ日本海に流れ込むようになります。約8000年前になって、本格的に対馬暖流の流入が開始されました。これらの事実は、浮遊性有孔虫の化石の中に、先に述べた右巻きの有孔虫も含む、黒潮系の温暖海域に特有の種が急激に増えていくことから知ることができます。

生き物たちの痕跡は、これほどまでに雄弁に、過去の日本海の姿をぼくたちに教えてくれるのです。

4-10　脈動していた対馬暖流

かつての日本海の水温についてはどうでしょうか。

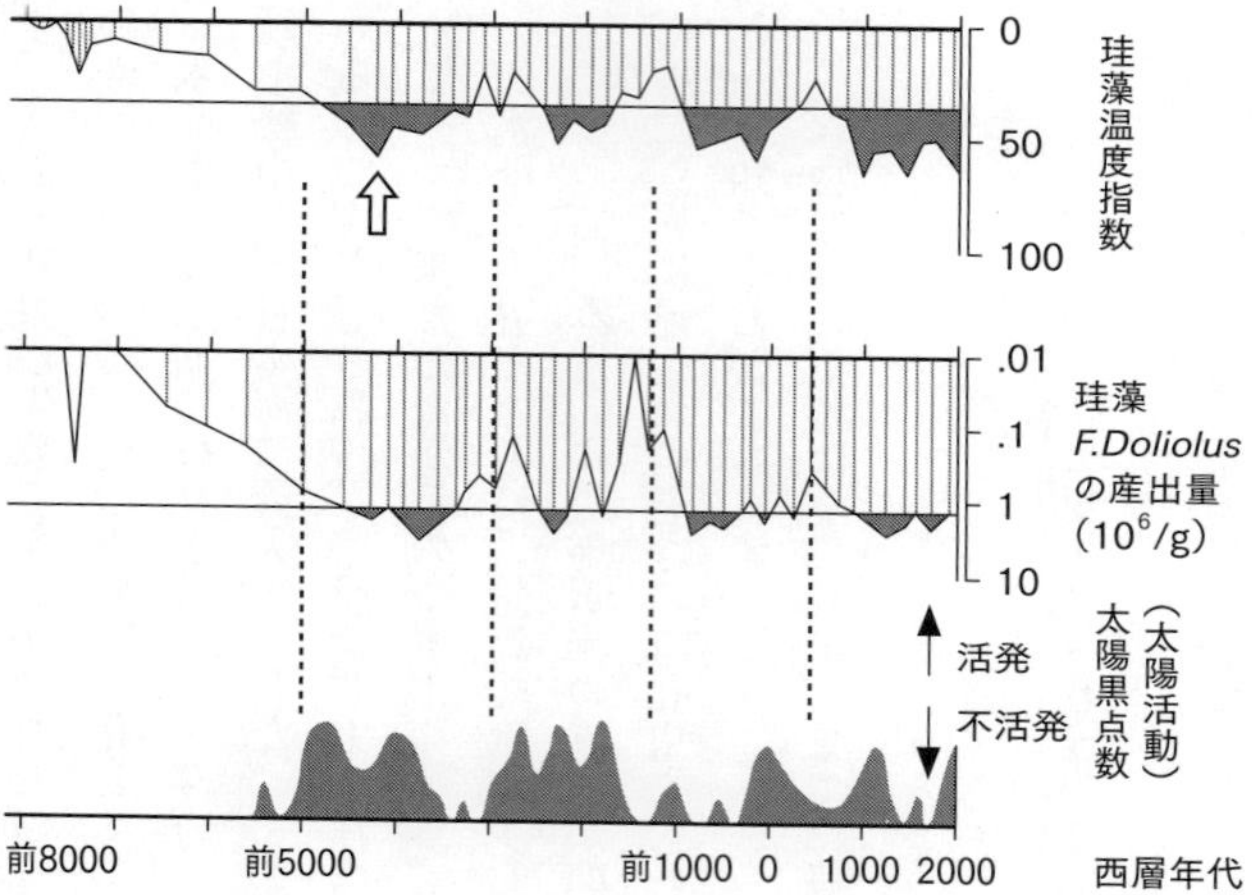

図4-8：太陽の活動レベルの周期的な変動と対馬暖流の強弱の関係　日本海隠岐堆の堆積物に関する珪藻温度指数（{（温暖種の個体数）／（温暖種の個体数＋寒冷種の個体数）}×100）と、温暖種（*F. Doliolus*）の産出数の変動を、太陽黒点数の変動と比較したもの（小泉（1995）より）。

浮遊性有孔虫の殻に含まれる酸素同位体の比（^{18}O／^{16}O）から推定された古水温の情報から、氷期には10℃以下だった日本海の表層水温が、対馬暖流の流入によって20℃近くまで上昇したことがわかりました。

有孔虫化石とは別に、古海洋学者・小泉格《こいずみいたる》（北海道大学名誉教授）によって、珪藻の化石が詳しく調査されています。その結果、約8000年前の対馬暖流の本格的流入は、暖流を好んで生息する珪藻の化石がこの時期に急増することからも、はっきりと裏づけられました。

ところで、この暖流系の珪藻化石の産出状態を詳しく検討すると、面白いことがわかります。８０００年前からこんにちまで、その産出頻度はつねに一定だったわけではなく、増減を繰り返しているのです。何が原因で、増えたり減ったりするのでしょうか？

そのカギは、対馬暖流が握っていると考えられています。つまり、対馬暖流の流れが強ければ、それだけ暖流系の珪藻の生息密度が高くなるということです。図４－８の珪藻温度指数からみて、白抜き矢印で示す約６５００年前（紀元前４２００年頃）に対馬暖流の強さはピークとなり、その後はほぼ１８００年の周期で、弱まったり強まったりを繰り返していると推測されます。

このような対馬暖流の〝脈動〟はどうして起こるのでしょうか？

小泉（１９９５）は、太陽の活動レベル（黒点数の増減）の周期的な変動が、対馬暖流の強弱と対応していることに気づきました（図４－８）。太陽活動は、地球上のエネルギー収支を通じて、グローバルな地球環境や気候の変化を支配しています。太陽活動の変化に、対馬暖流に脈動を与えるなんらかのメカニズムが存在すると考えられているのです。

今後の研究の進展が楽しみな分野です。

4-11　日本海の命運を握る対馬暖流

最終氷期が終わって間氷期に入り、対馬海峡の水門が開いて、対馬暖流が豊かに流れ込むようになったことが、〝死の海〟だった日本海底層を〝豊穣の海〟へと蘇生させていきます。

南からの暖かい流れは、日本海沿岸の気候を温暖化させせました。海面からの海水の蒸発を促進し、冬の日本列島に大量の積雪をもたらす「天然の造水装置」（22ページ参照）を再起動させたことでしょう。日本列島に温暖で湿潤な環境が戻り、森林が増加していきます。

今から約1万6000年前に始まったとされる縄文時代の人々にとって、木の実を採取したり狩猟したり、食料に困らない環境がしだいに整えられていったと想像されます。やがて稲作が開始されたことで、安定的に食糧が確保できるようになりますが、稲作の普及にもまた、温暖で水資源の豊かな国土が大きな役割を果たしたはずです。

対馬暖流はさらに、比較的塩分の高い黒潮系の海水を日本海へと運び入れ、表面水の塩分を増加させました。その結果、冬季に密度の高い表面水が生成しやすくなり、海水の沈み込みが活発化します。〝死の海〟の時代には停止していた熱塩循環のスイッチが入り、低温で酸素に富むこの海独自の海水――すなわち日本海固有水が、深層から底層へと拡がっていきました。

現在、ぼくたちが観測している日本海固有水は、このようにして最終氷期終了後に形成が進み、こんにちまで維持されてきたと想像されます。

熱塩循環による海水の活発な上下混合は、日本海の深層と表層とのあいだの「栄養塩」の動きを活発化しました。栄養塩とは、窒素やリン、ケイ素のように、植物プランクトンが光合成を行

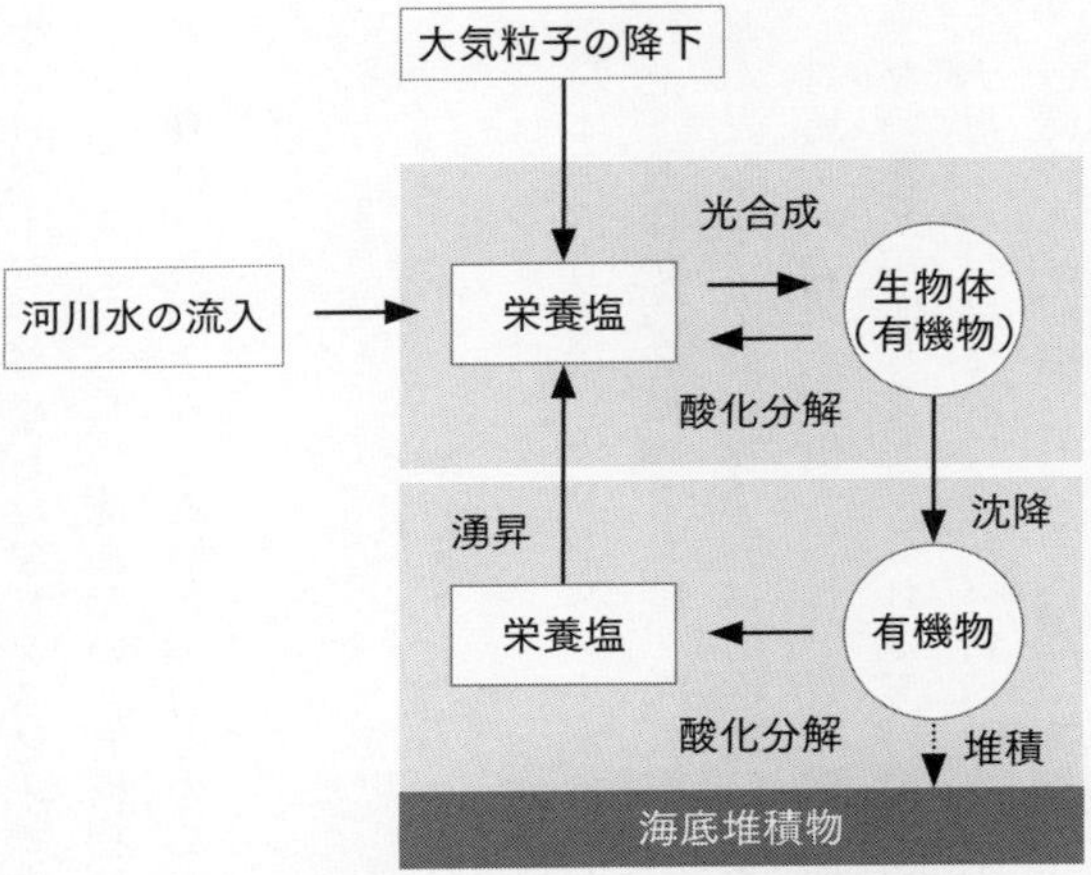

図4-9：海洋における表層と深層のあいだでの栄養塩の循環サイクル

う際に必須の化学成分の総称です。最近は、極微量の鉄や亜鉛、ニッケルなどの重金属元素も植物プランクトンにとって必須であることがわかり、栄養塩の中に含めるようになっています。

海洋表層で植物プランクトンに取り込まれた栄養塩は、その植物プランクトンを捕食する動物プランクトン、さらにその動物プランクトンを捕食する小型魚類へ……という食物連鎖を経て、海洋表層に生息する生物全体に広がっていきます。

それらの生物が出す排泄物や死骸の断片といった有機物は、その場ですぐに分解されて栄養塩に戻り、ふたたび植物プランクトンに利用されるものもありますが、表層で分解しきれなかった有機物は、深層に向けて沈降していきます。41ページで登場したマリンスノーです。

マリンスノーとして沈んでいく有機物は少しずつ酸化分解され、栄養塩成分が再生します。図4－9は、このような表層と深層とのあいだで起こる栄養塩の循環サイクルを簡略に表したものです。

4－12 「いのちの水」のふるまいに注目せよ

日本海固有水は、マリンスノーが分解してできた栄養塩を豊富に含んでいます。日本海の海水の上下混合が活発に起これば、栄養塩に富む海水がたくさん表層へ押し上げられますから、そのぶん表層海水中の生物活動は活性化し、水産資源の増加にもつながったことでしょう。

対馬暖流の果たす働きには、日本海表面水の塩分を増加させることのほかに、もう一つ見落とせない側面があります。それは、対馬暖流が九州西岸を北上する黒潮系の海水だけではなく、東シナ海から対馬海峡に向かう台湾暖流系の海水も含んでいることです。

台湾暖流は、塩分ゼロの淡水である大陸からの河川水と、東シナ海の大陸棚堆積物の中に豊富に存在する栄養塩をそぎ取って日本海に運び入れます。大陸からの河川水によって、台湾暖流の塩分がどのくらい低下するかは、大陸の気候条件（雨量が多いか少ないか）や河川水の流量が関わってきます。

台湾暖流系の海水は、黒潮系の海水より塩分が低いので、日本海表面水の塩分を下げ、熱塩循環を妨げる方向に作用します。同時に、豊富な栄養塩は、表層海水の生産性を高める一方で、沈降する有機物の量を増加させるでしょう。その結果、深層における酸素の減少を加速させる可能性があります。

対馬暖流の流量が多いか少ないか、また、ときどきの対馬暖流がどのような化学的性質を備えているかによって、デリケートな日本海の環境は、今後も小刻みな影響を受け続けることでしょう。継続的に詳細な観測を行うことで、対馬暖流の化学的性質と日本海の環境とのあいだに、さまざまな因果関係の見出されることが期待されます。

日本海の海底資源：メタンガスとガスハイドレート

日本海における海底資源の一つとして、「メタンガスハイドレート」が注目を集めています。

ガスハイドレートとは、水分子（H_2O）がつくるカゴ状の結晶構造の内部に、気体分子がすっぽりと取り込まれたもので、外観はシャーベット状の固体です。液体の水の中に気体が溶け込む場合に比べると、同じ量の水に対してはるかに大量の気体を保持できます。

天然ガスの主成分であるメタンガス（CH_4）を例にとると、水1リットル中に溶解できるメタンガスは、水温にもよりますが1〜2モル程度です。一方、同じ量の水がハイドレートを形成すると10モルものメタンガスを保持することができます。つまり、燃料資源としての歩留《ぶど》まりがたいへん高いのが特徴です。

ただし、ガスハイドレートが安定なのは、低温かつ高圧の条件下に限られます。大気圧程度の圧力下ならマイナス15℃以下でなければなりません。水圧がかかることで温度に対する条件は緩和され、水深260メートル（26気圧）なら0℃を、水深760メートル（76気圧）なら10℃を下回っていれば安定に存在できます。

このような制約条件から、メタンハイドレートが天然に存在するのは、シベリアの永久凍土地帯や深海底に限られます。

海底から採取されたメタンハイドレートは、あたかも白い氷のように見えますが、火をつけるとよく燃えます。「燃える氷」とよばれるゆえんです。

わが国のEEZ（排他的経済水域、51ページ第2章コラム参照）圏内では、あちこちにメタンハイドレートの存在が知られています。太平洋側の紀伊半島沖や四国沖の南海トラフに最も大規模に集積しているといわれますが、日本海においても、佐渡島近海の上越沖や奥尻島近辺、隠岐諸島近辺などに、かなりの埋蔵量が期待されています。

そもそも、日本近海で最初にメタンハイドレート試料が得られたのは日本海であり、4-5節でお話しした1989年のODP深海掘削航海でのことでした。

ところで、海底堆積物中には、なぜメタンガスが存在するのでしょうか？

海底に堆積した有機物を、還元的な環境で微生物が分解するとメタンが生成します。また、より深部の堆積物中では、高温の条件下で有機物が熱分解を受けて生成するメタンもあります。日本海の海底には、この両方のメタンがこれまでに確認されています。

日本海のメタンハイドレートを、将来のエネルギー資源としてどのように活用できるのか、その埋蔵量を正確に見積もり、深海底からの回収方法を確立する調査研究が、経済産業省主導のもとで進められています。今後の動向が大いに期待されます。

第5章

「母なる海」日本海

——この海なくして日本はなかった

最終氷期が終わり、日本海にふたたび対馬暖流が本格的に流れ込むようになると、日本海の造水システムが動き始め、日本列島の自然環境は温暖で湿潤なものへと変わっていく。

日本海は、日本列島に住み始めた人々にさまざまな恩恵を与え、縄文時代に始まる日本文化の育成・熟成に大きな役割を果たし続けた。


日本海を経由する周辺諸国との活発な交流は双方の文化の発展に拍車をかけ、近世の北前船による日本海航路の繁栄は、日本国内の物流促進と文化の伝播に大きく貢献した。

文字どおり、日本海が日本を育てたのである。

5-1 人類が初めて見た日本海——老教授と女子学生の対話

前章のおさらいをしながら、本章のテーマに入っていきましょう。以下、女子学生Aと老教授Bとのあいだに交わされた対話をお聞きください。

A「先生、日本列島に人が住み始めたのは、いつ頃でしょうか？」

B「それはぼくも知りたい！　残念ながら、まだはっきりとはわかっていないんだ。ひとまず日本列島ができた頃に遡って、情報を整理してみよう。日本海がほぼ現在の大きさになった約1400万年前には、まだ地球上に人類は出現していなかった。これは知っているね？　猿人や原人とよばれる初期の人類がどこかに登場するまでは、なお数百万年を待たねばならない。目下のところ、地球上で見つかっている最古の人類は、2001年に中央アフリカで発見されたサヘラントロプス・チャデンシスで、今から約700万年前の猿人といわれている」

A「日本列島周辺でも、そのような発掘例はありますか？」

B「アジアで見つかった古い人骨としては、ホモ・エレクトゥスに属するジャワ原人（約120万～70万年前）や北京原人（約70万～20万年前）が知られているね。だが、残念ながら日本列島では、そんなに古い原人の骨が見つかった例はない。日本で発掘された最も古い人骨は、沖縄の『山下町第一洞穴人』とよばれるものだ。年代は約3万2000年前と特定されているから、現生人類（ホモ・サピエンス）の可能性が高い。日本列島の土壌は酸性なので、人骨が保存されにくいという欠点がある。だから、もっと古い原人がいた可能性は否定できないが、証拠に乏《とぼ》しいんだ」

A「現生人類について、詳しく教えてください。最近は、DNAを用いた遺伝学的な手法が進んでいると本で読んだことがありますが……？」

B「ふむ、よく勉強しているね。現生人類、つまりわれわれと同じ遺伝子をもった直接の祖先にあたる人類は、15万～20万年前にアフリカで誕生したといわれている。だが、それより少し遅れて、別の人類が出現していたことを知っているかな？」

A「え～と、ネアンデルタール人……でしょうか？」

B「正解だ。しかし、声に自信がないね。よく勉強しているわりには（笑）。ネアンデルタール人の出現は、今から約10万年前といわれている。ホモ・サピエンスとはDNAに違いがあるから、明らかに別種だ。これら2種が、どこかではち合わせをしていたのかどうかは興味深いところで、いろいろ研究が進められている。ネアンデルタール人は約3・5万年前に滅亡し、現生人類だけが世界中に広がっていったと考えられている」

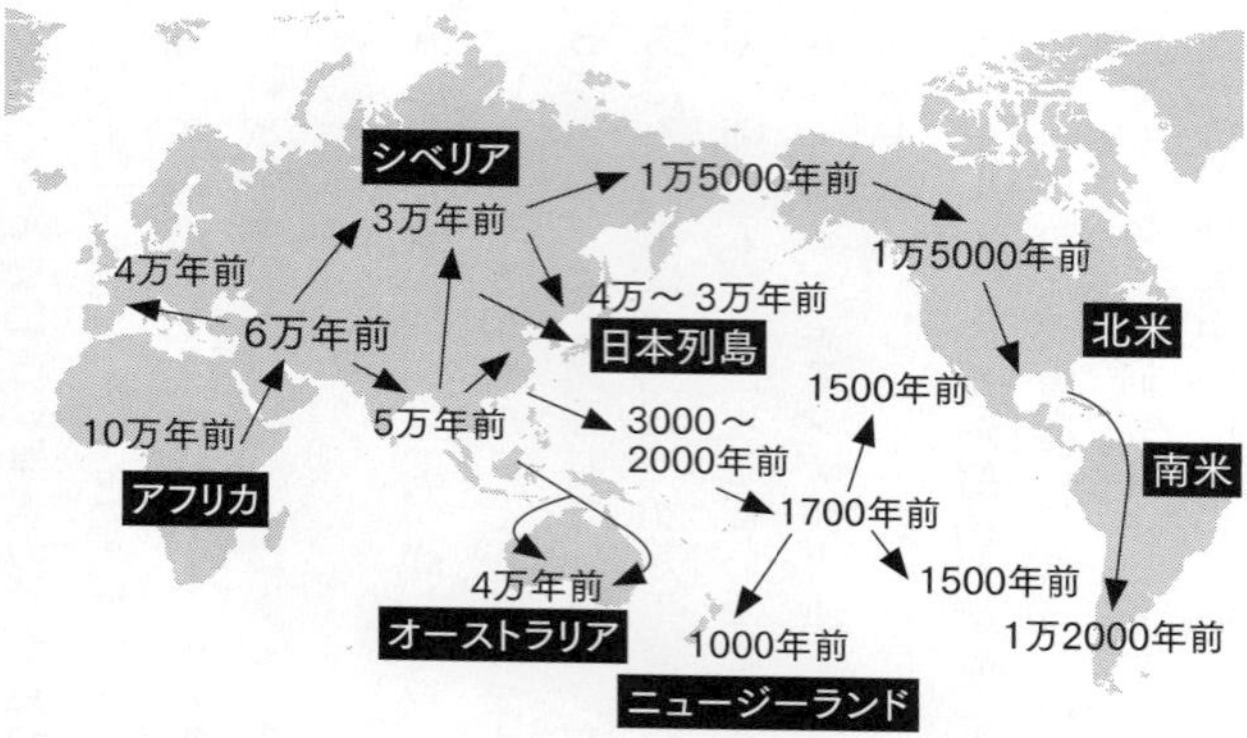

図5-1：現生人類（ホモ・サピエンス）の発祥と世界各地への移動のようす
（国立科学博物館による図を一部改変）

A「アフリカから、どのように世界中に広がったのでしょうか？」

B「いくつかの伝播ルートに分かれ、ヨーロッパ、中近東、そしてアジアへと広がっていったらしい。そのようすを概念的に示したのが、図5－1だ。途中で海にぶつかると、そこで停止するか、あるいは進む方向を変えたと考えられている。ただ、今から1万～数万年前といえば氷期、もしくはその終了直後だから、陸上に氷河が発達していたぶんだけ、海水準は低かった。ざっと50～120メートルくらい低かったと見積もられているんだ。これなら、ベーリング海峡は今とは違って陸続きになるから、ユーラシア大陸から北アメリカ大陸へ渡ることができた」

A「ふしぎなんですけど、ニュージーランドはオーストラリア大陸のすぐ隣ですよね。それなのに、オーストラリアには4万年前に早々と到達していた人類が、ニュージーランドまで達するのにずいぶん遠回りをして、やっと1000年前ってどういうことですか?」

B「いいところに気がついたね。東南アジアからオーストラリア大陸までは、ほとんど陸橋伝いか、肉眼で島が見える程度の浅い海を原始的な筏《いかだ》のような乗り物で渡ることができたんだ。ところが、オーストラリアとニュージーランドのあいだにはタスマン海が強固に立ち塞がっていた。タスマン海は、最大水深が5000メートルを超える深海で、東西の幅は2000キロメートル以上もある。しかもこの海域は強風が吹き、海況の悪い日が多い。当時の航海技術では、とうてい歯が立たなかったのだろうね。日本もニュージーランドと一見、似た島国だが、日本列島はユーラシア大陸から容易にアクセスできる距離にあった。現生人類が、日本列島に足を踏み入れたのは、今から3万~4万年前と推定されているんだよ」

A「未開の楽園を求めて、大陸から対馬海峡を渡ってきたのですね?」

B「うむ、東シナ海や日本海を横断してやってきた可能性もあるが、渡りやすさからいえば、まず対馬海峡と考えて間違いないだろう。3万~4万年前といえば氷期だから、海水準の低下によって対馬海峡は今よりずっと狭く、浅かった。そこを筏や丸木舟などで渡ったんじゃないかな。もちろん、琉球諸島沿いに南方からやってきた可能性もある。さらには、間宮海峡や宗谷海峡は陸化して完全につながっていたから、回り道をすれば、北方から陸伝いに北海道に到達することもできたはずだよ」

A「氷期というと、今よりずっと寒いですよね？　彼らの暮らしはどんなものだったのでしょうか？」

B「もちろん気温は全般に低かっただろう。そのうえ、対馬海峡が狭く、対馬暖流が流入しにくい状態だったから、日本海側はなおさら寒冷な気候だったと推定される。ただ、冬季に日本海側で降る雪は、今よりも少なかったのではないかな。いくら冬の北西季節風が吹きつけてきても、暖流がないから海面からの蒸発が少なく、現在ほど大量の雪雲はつくられなかったと考えられるためだ。日本列島の降水量は今よりも少なく、寒冷な乾燥気候に適した針葉樹林や落葉樹林が生《は》えていた。だから、現在に比べると生産力は低く、食糧がふんだんにあったとは考えにくいね」

A「……楽園とよべるほどではないですね。ところで氷期には、日本海の海水循環も、今とはだいぶ違っていたと聞いたことがあります」

B「それは重要なポイントだ。海水準の低下が対馬海峡を狭めて対馬暖流が入りにくい状況だった一方で、日本海に注ぐ河川からは淡水の流入が続いていたはずだから、表面水の塩分は低下した。気候が最も寒冷だった2万〜1万5000年前頃は、日本海表面水の塩分は現在の3分の2程度まで薄まっていたらしい。このように表面水の塩分が低下すると、どういうことが起こるのかな？」

Ａ「はい、密度の小さい軽い海水が表面を覆ってしまいます。冬期にいくら冷やされても十分に密度の高い表面水がつくられず、深海まで沈み込めないので、日本海は上下に攪拌されにくくなりました。底層まで酸素が補給されず、無酸素状態までいった時期もあったことが、海底堆積物に残された記録からわかります」

Ｂ「そのとおり！　現在の黒海に酷似した〝死の海〟だったわけだ。といっても、表層では光合成が起こるから、海産物も少しは獲れただろうがね」

Ａ「苦労して氷期を生き抜いた私たちのご先祖さまには、本当にご苦労様といいたい気分です。でも、氷期が終わって間氷期に入ると、だんだん住みやすい環境へと向かっていくのですよね？」

Ｂ「うむ、海水準が上がり、今から約８０００年前になると、対馬暖流が本格的に日本海に流れ込むようになる。これが決定打だ。日本海は恵みの海へと変わっていき、縄文文化が花開く。……さて、今日はここまでにしようか」

Ａ「先生、ありがとうございました」

5-2　豊かな国土の源流――そこに日本海がある

縄文時代は、今から約１万６０００年前に始まったとされています。氷期が終わりに近づき、温暖化へと向かう端境期《はざかいき》です。氷河が融けて海水準は上昇しはじめ、6000年前までには現在とほぼ同じレベルになりました。海水準の上昇によって、対馬海峡や津軽海峡は現在の広さと深さに近づいていきます。

約8000年前頃とされる本格的な対馬暖流の流入開始は、日本海と日本列島の環境を一変させることになりました。南方からの暖かい海流による熱の供給は、日本海側の温暖化を加速すると同時に、冬季の日本列島に大量の積雪をもたらす「天然の造水装置」を始動させました（25ページ図1－6参照）。

日本列島の豊富な水資源は、冬季に降る雪に大きく依存しています。梅雨や台風による降雨ももちろん重要ですが、地形が比較的急峻な日本列島では、せっかく大量に雨が降っても、その多くは河川を増水させたあと、あっという間に海へと流出してしまうからです。

降雪は違います。積もった雪はすぐに海へ流れ去ることがありません。特に、山岳地帯の雪は春まで、高山なら夏まで、根雪としてしっかりと残ります。そして、雪解け水が少しずつ河川を流れ下りながら土壌を潤し、また、融けた雪の一部は地面にしみ込んで地下水となり、長期にわたって国土に保持されます。

たとえば、富山湾沿岸の海底から湧き出している地下水は、10～20年かけて、北アルプス立山連峰から伏流水としてゆっくり移動してくることが、富山大学の張勁《ちょうけい》と佐竹洋《さたけひろし》によって明らかにされています。

彼らは、海底湧水中に含まれる「トリチウム」という半減期12・3年の人工放射性核種を分析しました。質量数3の水素原子で、^{3}HやTと書かれることもあるトリチウムは、米国や旧ソ連が1960年代に集中的に行った大気核実験によって生成した放射性核種です。

大気中の水蒸気（H_2O）の水素原子と置き換わり、雪や雨として地表に降下しました。地下にしみ込んだあとは、半減期にしたがって12・3年ごとに半分の量へと減少していきます。トリチウムがどのくらい減少しているかを測定することで、地下で経過した年数を知ることができるのです。

地下水は一般に栄養素、いわゆるミネラルを豊富に含んでいます。「天然の造水装置」によって豊富になった水資源が日本列島のあちこちで地下水として湧き出し、やがてみずみずしい樹木を繁茂させるようになりました。それ以前の寒冷な乾燥気候に適応していた針葉樹林や落葉樹林に代わり、暖温帯に繁茂する常緑広葉樹林が拡がっていったのです。長い時間をかけて農業に適した肥沃な土壌が熟成され、豊かな穀倉地帯を生み出す条件が整っていきます。

世界遺産に指定されている白神山地のブナ原生林（図5-2）をはじめ、日本列島は豊かな森林に覆われています。わが国の総面積のうち、森林の占める割合（森林率）は、ほぼ3分の2に達しています。先進国の中では、フィンランド、スウェーデンに次いで3番めに高い数字です。

図5-2：白神山地のブナの原生林（写真提供：エムオーフォトス／アフロ）

豊かな森林と土壌は、河川水や地下水の栄養塩濃度を高め、それが海に流れ込むことによって、沿岸海域を豊富な漁場とすることにも一役買っています。

現在の日本列島が享受している、温暖かつ湿潤な気候と、豊富な水資源のもとをたどってみれば、対馬暖流が脈々と流れ、冬季には極寒のシベリア季節風が吹きつける日本海に行き着くことを、改めて強調したいと思います。

5-3 縄文文化と日本海

豊かな植生から得られる木の実や果実は、重要な食料として縄文人の生活を支えました。木の実を食べる動物も増え、狩猟もさかんに行われたことでしょう。日本海では海水の上下混合が活性化し、栄養塩に富む深層水が湧き上がりやすくなったことで、表層に住む生き物たちの生産性が向上して生物量が増え、食料となる海産物も増加したと考えられます。

このように、陸からも海からも食料を得やすい環境が整えられたことで、縄文文化が花開くために必要な堅固な基盤が確立していきました。しかし、よいことずくめの一方で、日本海は時に牙をむき、過酷な試練をぼくたちの祖先に与える存在でもありました。

ことに冬季には、日本海を経由して強い北西季節風が吹きつけ、沿岸のほぼ全域が大量の降雪に見舞われ続けます。里の豪雪は道を塞ぎ、建物を損壊させるなど、昔も今もそこに住む人々に大きな災いを及ぼしてきました。

そもそも日本列島は、豪雪のみならず、地震や津波、火山噴火や台風など、縄文人たちの生活を根本から脅かす自然現象とつねに隣り合わせです。それらの天災は時として、人智を超えた圧倒的な力で、彼らを打ちのめしました。自然と対峙し、征服しようとする発想は、ことごとく打ち砕かれたことでしょう。むしろ、自然をあるがままに受け容れて畏《おそ》れ敬い、自然と融和しようとする発想が、１万年以上の長きにわたって続いた縄文時代を通じて、日本民族の基調となっていったと考えられます。

縄文人たちは、被害を軽減するために助け合い、住居を工夫して食料を備蓄するなど、生き抜くためのさまざまな知恵を積み上げねばなりませんでした。それは彼らの精神を鍛え、思慮深さを培《つちか》ったに違いありません。懸命に生きた彼らの文化的蓄積の一端は、たとえば青森県に遺《のこ》る三内丸山遺跡の見事な構造物から窺《うかが》い知ることができます。

縄文時代を通じて、日本人固有の人間性や感受性の原点が熟成されていく過程で、彼らの傍らに日本海の存在したことが、想像以上に大きな役割を果たしたのではないか――ぼくはそう考えています。もし日本海がなかったらどうだったか？　想像してみるたびに、その思いは強くなる一方なのです。

5-4 「日本海文化圏」の成立

日本海には、交通路としての側面もあります。ぼくたちの祖先は、日本海を交流・交易の場として大いに活用し、「日本海文化圏」とよばれるネットワークを形成していました。それは、こんにちの考古学的、あるいは比較文明論的研究から明らかにされています。

日本海沿岸には、図5-3に示すように、たくさんの潟湖《せきこ》があります。太平洋沿岸に比べ、明らかに多いように見えます。日本海沿岸には、潟湖の形成されやすい地勢や自然環境が揃っているのでしょう。

たとえば、冬の強い季節風が誘因となって、海岸線に沿って砂嘴《さし》（強い沿岸流が海底の砂礫《されき》を

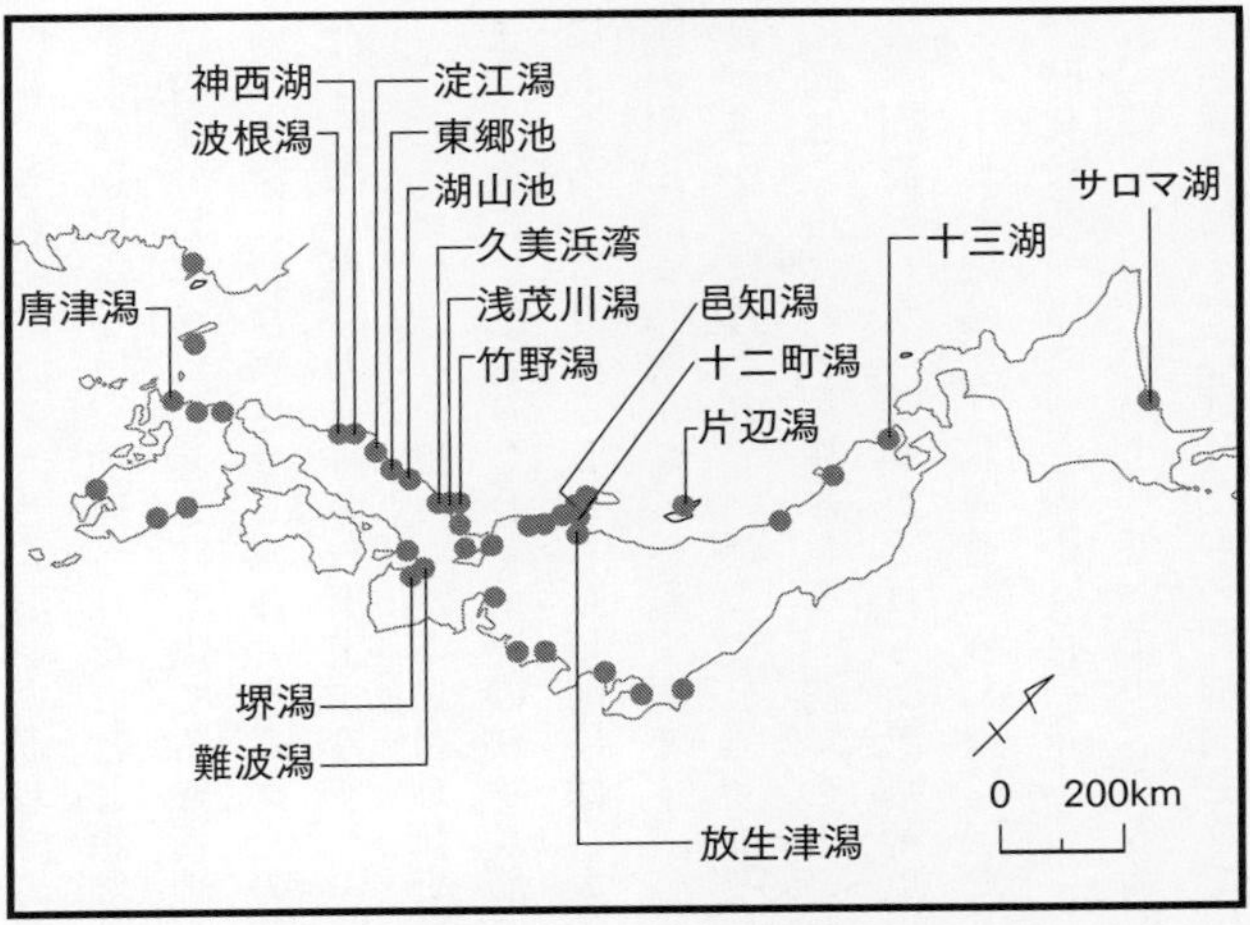

図5-3：日本海沿岸に多く見られる天然の良港としての「潟湖」（森(1993)より）

押し流し、海岸の一端から細長く土手のように堆積したもの）や砂州《さす》（砂嘴が長く伸びて、入り江の対岸まで届きかけているもの）が発達し、それらによって海が一部切り取られると、そこに潟湖が生まれます。

考古学者の森浩一《もりこういち》は、これら潟湖が天然の良港として利用され、古代の日本海において海上交通を活性化させる大きな要因となった可能性を指摘しています（森、1993）。

海上交通路の要所となれば当然、人口が増え、古代の地域国家の拠点として繁栄します。港には船が舫《もや》われ、日本列島内での物流はもちろんのこと、対岸国の人々との物資のやりとりや人の移住が活発に行われたことでしょう。海外からの新しい技術や情報、さらには渡来人との混血を通じての新たな遺伝子の導入によって、わが国の文化の発展が多大な恩恵を受け、加速されたことと想像されます。

つまり日本海は、陸と陸を隔てる緩衝地帯である一方で、適切な乗り物があれば、人や物や技術を大量に行き来させる媒体でもあったのです。古代より活発な交易や文化的交流がなされていたことは、当時の遺跡から出土する多くの発掘品が立証しています。

たとえば、玦状耳飾り《けつじょうみみかざり》、あるいは玦飾《けつしょく》とよばれる、古代の装飾具(イヤリングの一種)があります。最古(約8000年前)の玦状耳飾りは中国東北部で発掘されており、縄文時代のさなかにあたる7000~5000年前には、大陸と日本列島で同時に流行していたことが、各地の遺跡の出土品から明らかにされています。この事実は、日本海を経由して、国内外にわたる海上交易がさかんに行われていたことを強く示唆しています。

同じく古代の装身具として、翡翠《ひすい》を用いた大珠《たいしゅ》や耳飾りがあります。当時、翡翠のほとんどは日本列島でしか採れず、それも新潟県糸魚川市にある姫川と青海に限られていました。この翡翠を加工した製品が、北海道から九州にいたる各地の縄文遺跡から見出されているのです。

時代は少し下りますが、3世紀半ばから7世紀末にかけての古墳時代の朝鮮半島の遺跡からも、翡翠の勾玉《まがたま》が出土しています。この翡翠製品もまた、日本海の海上輸送ルートを経て、はるか朝鮮半島まで運ばれたものと推測されています。

5-5 国際交流路としての日本海

日本海を経由した交流が活発に行われ、日本海文化圏の拡大・興隆するようすは、有史時代の文献資料からも読みとることができます。朝鮮半島やその東北部からの渡来人が、日本海の海流や季節風をうまく利用して日本列島を目指しました。彼らは、高度な文化や技術をわが国にもたらすことになります。

たとえば、６世紀から７世紀にかけて、高句麗《こうくり》からの使節がひんぱんに日本海を往復しました。正式な高句麗使が初めて来日したのは、５１６年のことです。彼らは対馬暖流を利用して越地方（現在の新潟、富山、石川県地域）に漂着することが多く、彼らの国内移動のために、敦賀から琵琶湖・淀川を経て、大和地方にいたる陸路が整備されたほどです。

朝鮮半島には当時、百済《くだら》、新羅《しらぎ》、高句麗の３ヵ国が割拠していました。高句麗だけでなく、百済と新羅からも、たびたび外交使節が渡海していたことが知られています。わが国と百済とは友好関係にありましたが、新羅とは対立しがちでした。高句麗も新羅と敵対関係にあったため、新羅を牽制する目的で、わが国との連係を求めてきた経緯があります。

大陸の大国・中国（隋から唐）と朝鮮半島諸国間との国際情勢はきわめて流動的で、一触即発の状態が長く続きました。やがて唐と新羅が連合したことで、百済は663年に、高句麗も668年に滅亡させせられます。その結果、勝ち残った新羅が、朝鮮半島を統一しました。

このとき、百済を助けようとしたわが国は、白村江《はくすきのえ》で唐軍と戦って敗れます。度重なる戦乱を避けるため、多くの亡命者が日本海を渡り、日本列島に流入しました。

激動する東アジアの中で、わが国が独立を維持し、大陸からの亡命者を受け入れて、高度な文化や技術を導入し続けることのできた背景には、〝隔てる海〟としての日本海の存在が非常に大きな役割を果たしました。

5-6 渤海からもたらされたカレンダー

8世紀から10世紀にかけては、高句麗の後継として698年に建国された渤海《ぼっかい》（当初の国名は振で、926年に滅亡）とのあいだで実施された国際交流（遣渤海使）がよく知られています。727年に渤海からの使節が蝦夷《えぞ》地に来着したのをきっかけに、翌728年には、わが国から初めての遣渤海使が日本海を渡ります。遣渤海使は811年の15回めで終了しますが、渤海はその後も熱心に使節を派遣し続け、929年の34回めまで継続されました。

図5-4は、渤海との交流海路の想像図です。渤海からの使節は、秋から冬にかけての北西季

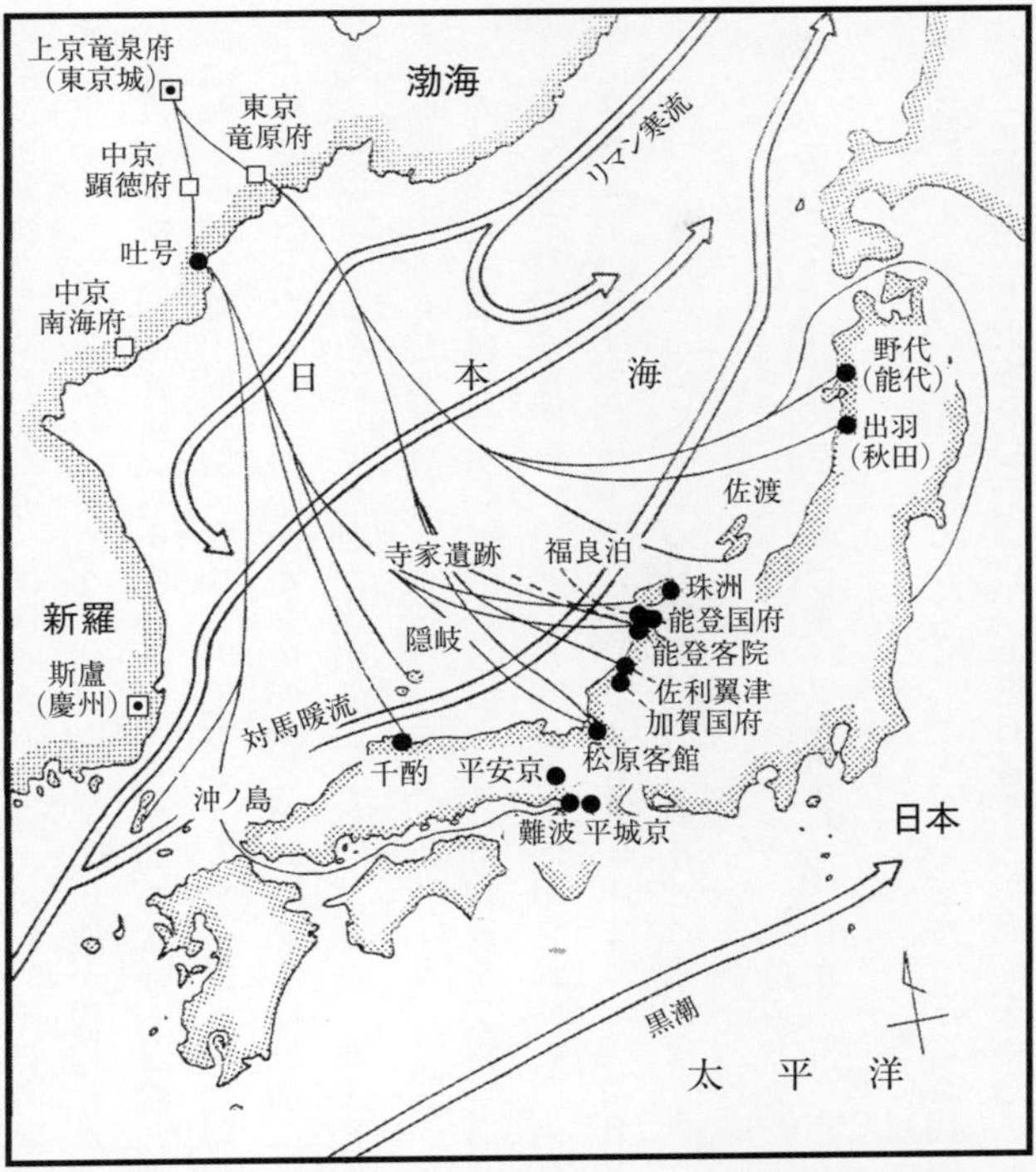

図5-4：渤海使の推定交易ルート（高瀬(1984)の図を元に作成）

節風を利用して日本海を横断し、対馬暖流に乗って日本海沿岸の港に到着しました。

一方、帰路は4～8月に日本海を北上し、リマン寒流を利用して渤海沿岸に到着していたと思われます。彼らは航海術に長《た》けていたようで、海路図からは日本海の海流を経験的にうまく利用していたようすが見てとれます。

交流が始まった当初

の渤海は新羅と対立しており、同国を牽制するために、やはり新羅と敵対していたわが国との連係を求めました。しかし、まもなく新羅との緊張状態が緩和したことによって軍事同盟的な色彩は薄れ、渤海との関係は交易を中心とする文化的なものへと変わっていきます。

渤海からは、貂《てん》・羆《ひぐま》・豹・虎などの毛皮や、人参、蜂蜜、陶器類、仏具、経典などがわが国にもたらされました。一方わが国からは、絹などの高級な繊維加工品、黄金や水銀、工芸品、つばき油、金漆（こしあぶら）などが輸出されました。養蚕のあまりできない渤海で、絹製品はとりわけ珍重されたといいます。

この時代に、渤海を経由して唐から伝えられた貴重な文物があります。859年の渤海使によってもたらされた「宣明暦《せんみようれき》」です。当時の唐で使用されていた高精度の太陰太陽暦であるこの暦は、862年から江戸時代中期にあたる1684年まで、実に822年間もの長きにわたって使用され、年月日に基づく人々の日常的生活の拠りどころとなりました。

5-7 国内の物流を支えた北前船

「北前船《きたまえぶね》」の名称は、多くの方がご存じだと思います。江戸時代中期から明治時代にかけて、蝦夷地（北海道）と大坂を結び、日本海を行き来して商品を輸送・販売していた木造の和式帆船を

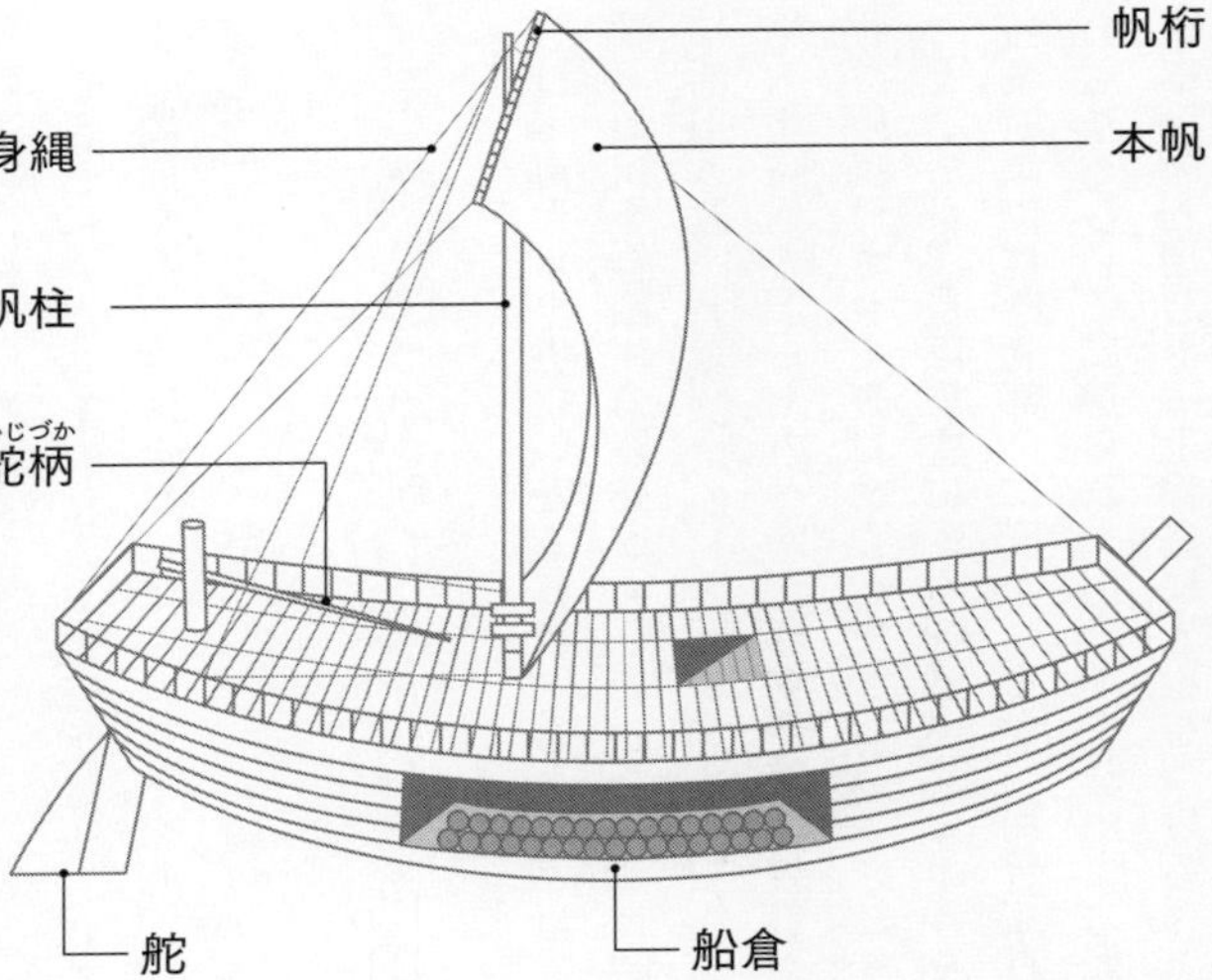

図5-5：弁才船の構造イメージ　船倉には俵物が満載されていた。「身縄」で帆を上げ下げし、「舵柄」で舵を操作した。

総称する言葉です。

江戸時代に大活躍した一枚帆の和船は、「弁才船《べざいせん》」、あるいは「千石船」とよばれています（図５－５）。江戸幕府による鎖国政策は、外国との交流を大きく制約しましたが、その一方で、内航海運の進展を促しました。その結果として、わが国独自の発展をみた輸送船が弁才船です。

弁才船に求められたのは、可能なかぎり短い日数で、費用をかけず、大量に物資を輸送することでした。造船・操船技術がしだいに向上し、１７００年代に入ると逆風でも櫓《ろ》を使わずに帆走できる弁才船が主流になっていきます。漕ぎ手が不要になり、大いに人件費の節約に役立ったからです。

数百石積みから千石積み（載貨重量150トン程度）、またはそれ以上の大型の弁才船が、日本の周囲や瀬戸内海をひんぱんに行き来し、国内産業と商品流通の活性化に大きな役割を果たしました。

5-8 先駆けは加賀・前田家

日本海から上方《かみがた》にいたるには、もともとは高句麗使や渤海使の時代に確立した若狭湾から琵琶湖・淀川を経由する陸路がありました。江戸時代初期まではこの陸路が物資の輸送路として大いに活用され、若狭湾に面した敦賀や小浜が、物資輸送の中継点として栄えました。蝦夷地や東北・北陸地方から上方へ向かう物産は、敦賀や小浜まで日本海を海上輸送されたあと、以降の行程は陸揚げされて運ばれたのです。

ところが、豊臣秀吉による朝鮮出兵（1592～1598年）のとき、その拠点が九州の肥前名護屋（佐賀県北部）に置かれます。加賀（石川県）の前田家は、九州まで大量の兵糧米や兵隊を送り込む必要に迫られ、山陰沖を経由する船団を組まざるをえなくなりました。結果として、日本海を利用した海上輸送に先鞭をつけることとなったのです。

江戸時代に入った17世紀中頃、同じく加賀の前田家が、こんどは商業活動を目的として、初めて北前航路を開拓します。すなわち、敦賀での陸揚げを行わず、船に積んだまま山陰から下関、さらには瀬戸内海を経由して、大坂まで年貢米を輸送しました。

積み替えのための経費や手間がかからないこと、一度に大量輸送できることなどのメリットがしだいに注目されるようになり、諸藩がこれに追従します。やがて各藩からの年貢米輸送に限らず、民間の廻船業者によるさまざまな商品輸送が、このルートを用いて行われるようになりました。

北前船で扱われた積荷は、蝦夷地からはニシンやサケ、昆布などの海産物が、大坂からは米や塩、酒、木綿などが中心でした。おだやかな日本海は、大量の物資輸送に適しており、商業活動の大動脈として活用されました。商品経済の発展に加えて、国内の情報流通や蝦夷地の開発などを促したことが容易に想像されます。図5-6に示すように、日本海沿岸から瀬戸内海にかけての多くの港が、北前船の寄港地として繁栄しました。

なお、3-1節に登場したフランスの探検者・ラペルーズは、日本海の隠岐沖で北前船とすれ違っており、そのときのようすを航海記に書き残しています。本章末尾のコラムをご覧ください。

明治時代中期をすぎると、和式帆船の時代は終わりを告げます。情報通信や陸上交通網が充実

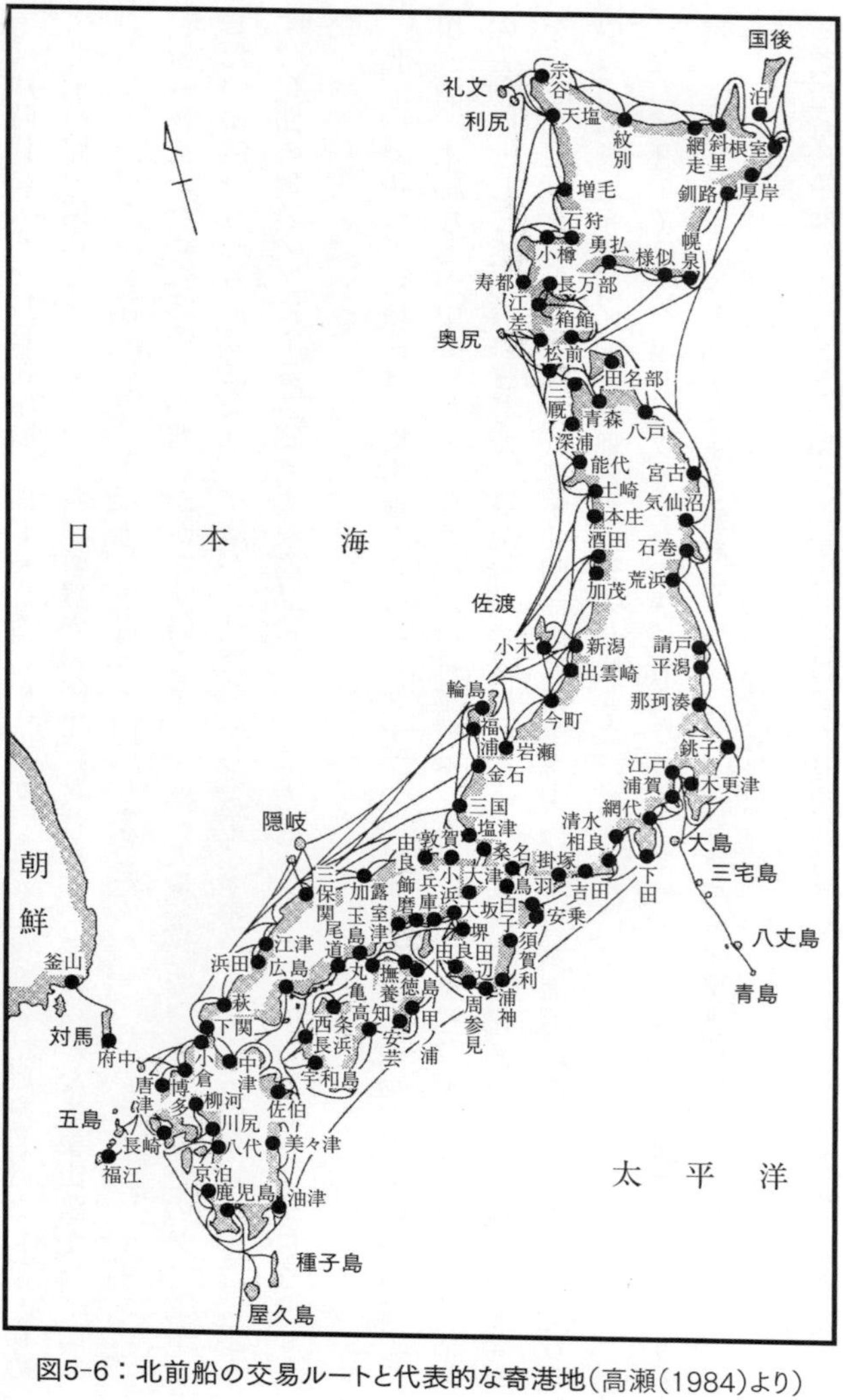

図5-6：北前船の交易ルートと代表的な寄港地（高瀬（1984）より）

していく一方で、北前船は急速に衰退しました。

しかし現在でも、大型フェリーが北海道と本州とのあいだでひんぱんに運航されるなど、人や車両を運ぶ国内交通路としての日本海の重要な役割は決して失われてはいません。今後も確実に、引き継がれていくことでしょう。

5-9　日本海から次世代社会へのヒント

日本海は古来、活発な海上交易の場として重要な役割を果たしてきました。複数の国家が関わる共生社会という観点からは、西洋における地中海に比肩すべき重要性を担ってきたといえます。江戸時代までの日本の〝表玄関〟は、名実ともに日本海側にありました。

ところが、最近の１００年間ほどのあいだに、日本のさまざまな文化や経済の重心は、東京を中心とする太平洋側に移動しています。図５-７は、東京都を含め、太平洋に面した５都県と、日本海に面した５県を選び、１９２０年から２０１０年にかけての人口変化を示したものです。日本列島の両サイドのあいだに、明白な違いが見てとれます。日本海側では人口がほぼ横ばいなのに対し、太平洋側では数倍に増加しています。

明治以来、太平洋沿岸では欧米列国の影響を強く受け、大量生産と大量消費の文化が急激に開

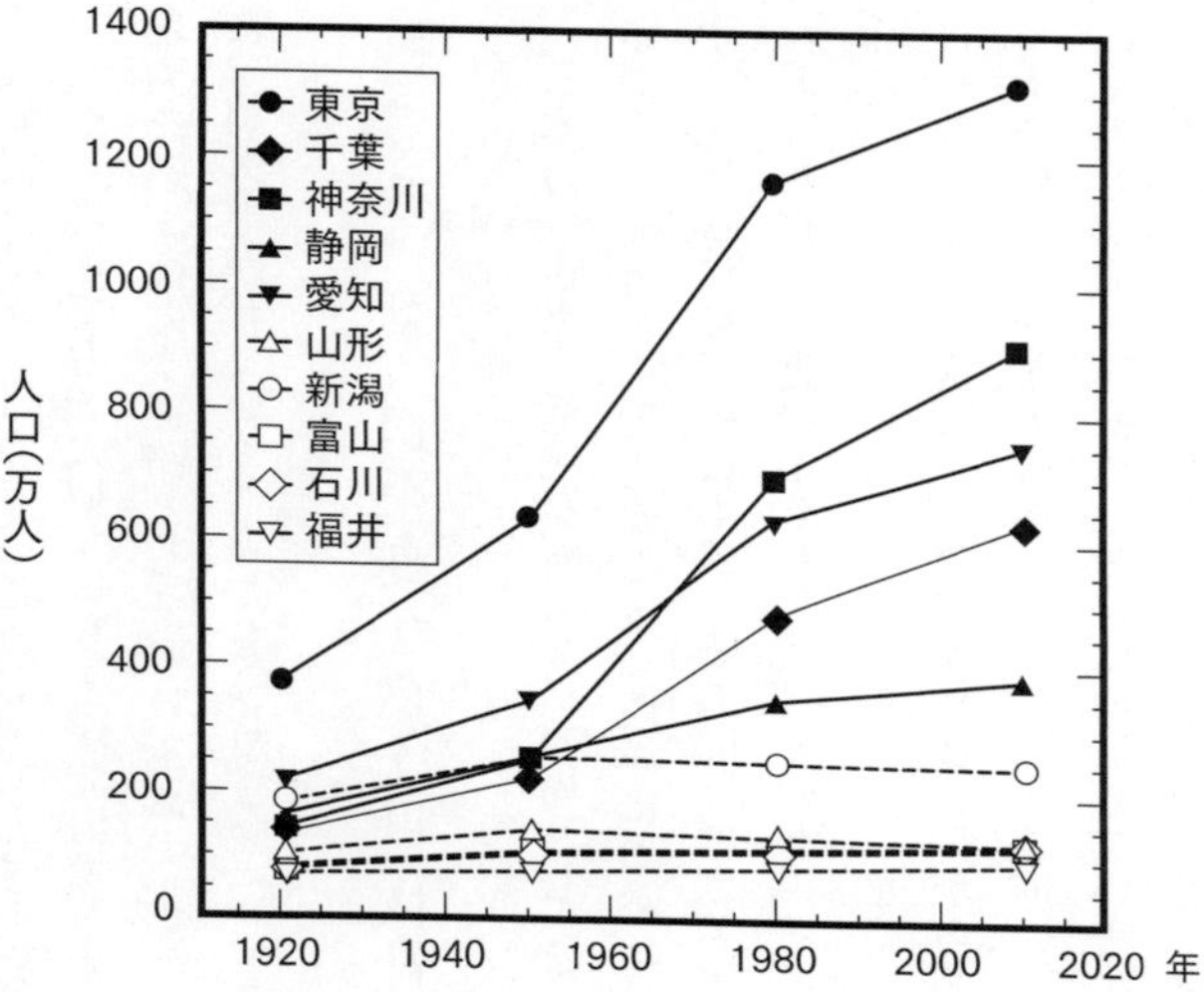

図5-7：太平洋に面する5都県と日本海に面する5県の1920 ～ 2010年にかけての人口の推移（総務省国勢調査データより）

花しました。その一方で、日本海は「日本の裏側の内海」と位置づけられ、一時は「表日本」と「裏日本」という呼称まで発生し、目立たぬ存在へと追いやられてきた経緯があります。図５－７の人口グラフは、このことを端的に物語っているように見えます。

しかし、こんにちでは、持続可能《サステナブル》な社会の構築が喫緊の課題となっています。すなわち、資源が有限であることを認識し、その有効利用やリサイクルを図りつつ、社会の向上を目指すために、大量消費文化に終止符を打たなければなりません。

いまこそ、自然環境との共生を重んじる持続的社会の象徴として、日本海が大きく見直されるべきではないでしょうか。古代より、環日本海に暮らす人々は、日本海という小さな、限りある空間を意識し、自然と人の織りなす生態系のバランスを保つための知恵を培ってきたはずです。この海とどう向き合えば、そこからの恵みを絶やすことなく享受できるのか——これを考えてきたはずです。

しばらく前に放映されたものですが、ぼくの印象に強く残っているテレビ番組として、NHK総合テレビ「小さな旅」シリーズの一つである「願《ねがい》にて〜新潟県佐渡市」があります（２０１２年5月放送）。

新潟県佐渡市の小さな集落・願を、加賀美幸子《かがみさちこ》アナウンサーが16年ぶりに再訪します。天然のワカメ漁が最盛期の4月、かつて出会った漁師は84歳のこの時も現役で、相変わらず情熱にあふれた語り口で「願の海」（日本海）のことを話します。

資源は有限であることを認識し、決して獲りすぎず、有効利用を図る日本海のライフスタイル。島を離れた子供たちとの心温まる交流を支えに生きる女性。日本海沿岸の気候と風土からにじみ出る、助け合い、分かち合って暮らす人々の喜びに満ちた表情がたいへん印象的で、今も忘れることができません。

具体例をもう一つ。富山県氷見市では、地元の定置網漁法を、タイやインドネシアなどの開発途上国へ技術移転しつつあります。氷見で４００年の歴史を誇る定置網漁法の一つである「越中大謀網《だいぼうあみ》」は、一網打尽に魚を獲る発想とは正反対の、必要なサイズの魚を必要な量だけ獲ろうとする漁具です。海の恵みを持続的に利用しようとする発想から生まれました。

このような事例はきっと、他にもたくさんあることでしょう。

古代から日本海沿岸で育まれてきた、限りある資源を有効利用しようとする生活様式。日本海という「ミニ海洋」の、限られたサイズを意識したうえでのこの生活様式にもっと光を当て、あらためて見直すことができないでしょうか。

そして、その価値観や姿勢が海外にも発信されることによって、環境保護や持続的社会の構築に向けた力強い歩みにつながってほしい——そう切に願ってやみません。

ラペルーズが日本海ですれ違った北前船

日本海を探検した最初の西洋人で、周航記の発刊によって「日本海」の呼称を西欧に広めたラペルーズについては、第3章でご紹介しました。

このラペルーズ率いる2隻のフリゲート艦が、日本海でふしぎな和船と遭遇しています。1787年6月2日、対馬海峡から日本海に入り、隠岐堆の近く(55ページ図3-1で、“MER DU JAPON”と表記されている“MER”と“DU”の中間あたり)にさしかかったラペルーズ隊の前方から、2隻の日本船(北前船)が近づいてきました。

まだ写真のない時代でしたが、ラペルーズ隊のブロンドラ海軍中尉がこれらの和船を巧みにスケッチしました。その絵が現存しており、『ラペルーズ世界周航記・日本近海編』(小林忠雄編訳)に添付されています。

2隻のうち1隻は、139ページ図5-5に示したような通常の弁才船でしたが、もう1隻(図5-8)はいっぷう変わった形状をしていました。

和船研究の権威である石井《いしい》謙治《けんじ》(1995b)や安《あ》達《だち》裕之《ひろゆき》(1998)によれば、この船は「三国丸《さんごくまる》」といい、江戸幕府が1786年10月に就航させたばかりの1500石積み廻船でした。「三国」という名称は、この船が和船、中国船、および西洋船(オランダ船)の3種の船の長所を組み合わせた折衷船《せっちゅうせん》であることに由来しています。

唐船づくりの船体に和式の総矢倉を設け、船体の中央には和式の本帆、船首と船尾には洋式の補助帆（三角帆など）を備え……、といったぐあいです。

三国丸の役目は、松前から煎海鼠《いりなまこ》や干鮑《ほしあわび》、鱶《ふか》鰭《ひれ》などの海産物の乾物を俵に詰めて、長崎まで輸送することでした。これらは、対中国（清）貿易の重要な輸出品だったのです。

三国丸を和洋折衷船にしたのは、船の強度や操船性を向上させるためでした。内航専用につくられた通常の弁才船にとって、荒れすさぶ冬の日本海は危険が多く、航海には不向きでした。しかし三国丸なら、冬季の日本海をノンストップで乗り切ることができるかもしれない。そうすれば航海日数を節約でき、年2回の往復が可能となって莫大な収益が見込まれます。ラペルーズ隊がすれ違ったのは夏の平穏な時期でしたが、日本海のはるか沖合を、長崎に向けて快速で飛ばしていたので

図5-8：ラペルーズが遭遇した三国丸のスケッチ（『ラペルーズ世界周航記』より）

しょう。

『世界周航記』(小林忠雄編訳)には、そのときのようすが興味深く記載されています。

「我々は日本人の顔が観察できるほど近くを通過したが、その表情には恐怖も、驚きも表われていなかった」「すれ違いながら呼びかけたが、我々の問いは彼らの理解をえられず、彼らの答弁も我々にはわからなかった。日本船は南方に航海をつづけた」

どこか拍子抜けしたような書きぶりです。

船倉に俵物を満載していたはずの三国丸は、前方から近づいてくる異国の船(しかも軍艦)にさぞ驚愕していたことでしょう。そして、下手に関わることで積み荷に被害の及ぶことを大いに恐れ、「よいか皆の衆、いいか、しかとするのじゃ」といったか否か、できるだけ無関心を装い、穏便にその場から離れようと努めたのではないでしょうか(まったくの想像ですが)。

三国丸のような和洋折衷船は、当時の日本でこの一隻だけでした。そのような希少な船が、ラペルーズ隊と日本海の真ん中ではち合わせをし、あまつさえ正確なスケッチまで後世に遺されたとは、文字どおり千載一遇の出来事だったといえるでしょう。

その後の三国丸には、過酷な運命が待ち受けていました。ラペルーズ隊との邂逅から1年が経過した1788年9月、箱館を出航し、日本海を南下していた同船は、能登沖で暴風に見舞われます(時期からみて台風でしょうか)。乗組員は伝馬《てんま》船《せん》(今風にいえば救命ボート)で脱出しますが、三国丸は出羽国赤石浜に漂着し、そこで破船したと記録されています。

実働わずか2年たらずでは、建造費の回収はかなわなかったかもしれません。幕府も方針を変え、同型船が再建されることはありませんでした。

第6章

「ミニ海洋」からの警告

——日本海が哭いている

産業革命以降、急速に膨張した人間活動は、
地球温暖化に代表される地球規模の気候変化を引き起こしつつある。
冬季の北西季節風が弱まれば、
わが国の水資源にとって生命線ともいうべき冬の日本海の造水機能が低下するおそれがある。

そして、日本海底層水の溶存酸素濃度が過去30年間に10パーセント減少したことが判明した。
日本海の熱塩循環が、近年の気候変化を反映して規模を縮小していることが原因と考えられる。

「ミニ海洋」が発するこの警告を真摯に受け止め、
日本海の、そして世界の海洋の環境を保全するために、
いま何をすべきか考えなければならない——。

6-1 進む地球温暖化

2013~2014年に公表されたIPCC（Intergovernmental Panel on Climate Change：気候変動に関する政府間パネル）による最新の第5次報告書によれば、近年進行しつつある地球温暖化などの気候変化が人為的要因によって引き起こされていることは、ほとんど疑う余地がありません。

現在の大気の化学組成を、極域の氷床コア試料に残された過去の大気組成と比較することによって、産業革命以後、大気中の二酸化炭素やメタンなど、いわゆる温室効果気体の濃度が急激に増加していることが確認されています。これらの気体は、地球表面から宇宙空間に放出される赤外線の一部を吸収するため、あたかも地球表面を毛布でくるんだように、熱の放散を抑制し、地表を暖める作用をもちます。

産業革命前には、ほぼ280ppmだった大気中の二酸化炭素濃度は現在、400ppmを少し超えるレベルまで到達しています。ぼくが学生だった頃は、大気の0・03パーセントが二酸化炭素であると教わったものですが、わずか1世代の年月のあいだに、それが0・04パーセントまで上昇したわけです。

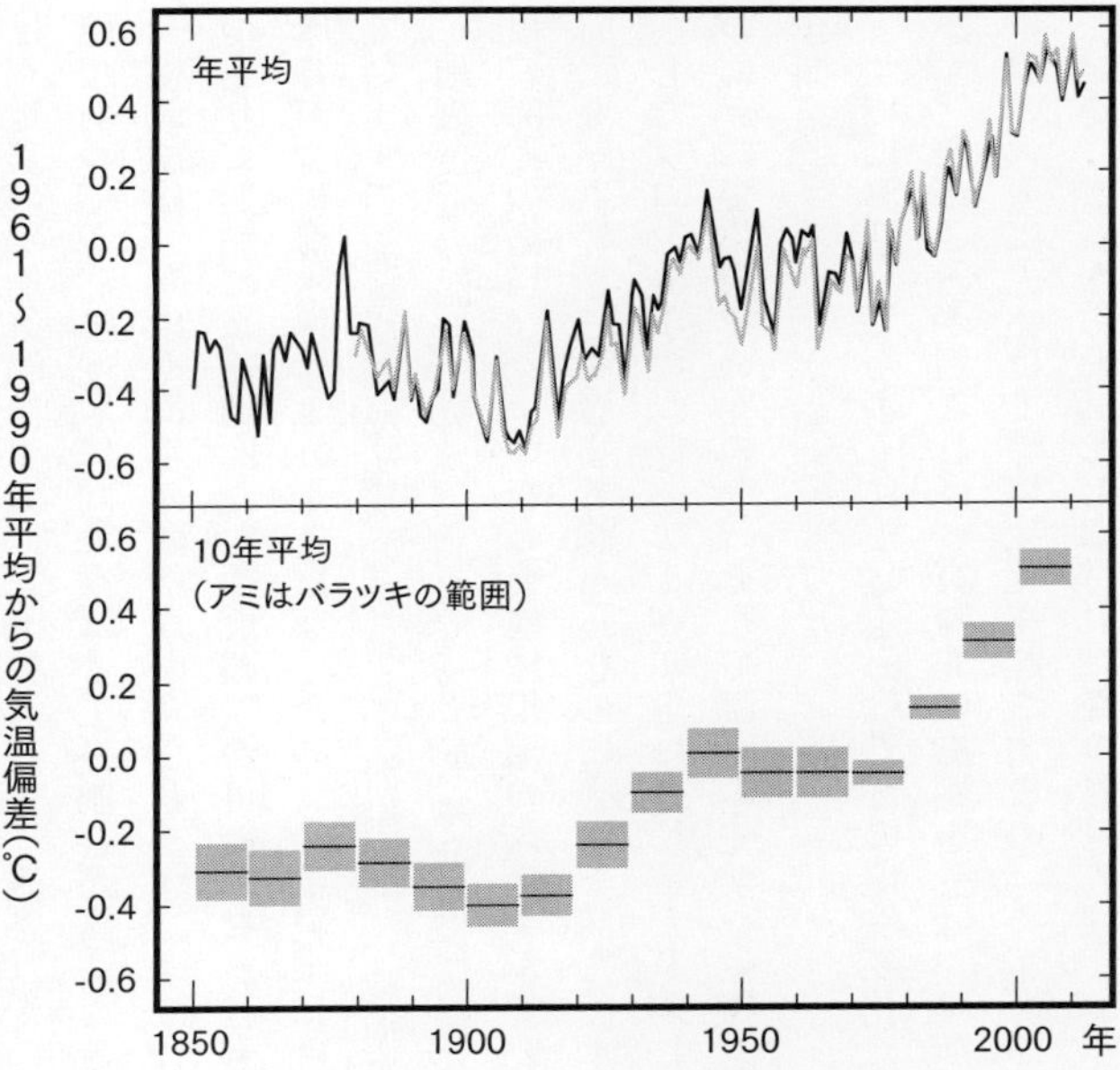

図6-1：1850～2012年の世界の地上平均気温の推移　陸域と海上とを合わせた平均気温について偏差をとったもので、年平均は3とおりのデータセットを重ね書きしている（IPCC第5次報告より）。

温室効果気体の増加にともなって、地表の気温が上昇傾向にあることも、実測値によって確認されています（図6-1）。

アメリカの航空宇宙局（NASA）と同・海洋大気局（NOAA）は2015年1月、前年における世界の平均気温が、観測記録が残る1880年以降で最も高かったとする分析結果を発表しました。

スーパーコンピュータを駆使した精緻なモデリング研究によれば、今世紀末には、地表の平均気温は1~4℃上昇すると予測されています。ただし、これは地球全体での平均値であって、高緯度域に向かうほど上昇割合が高くなると見込まれています。

極域では、氷床や海氷の融解が懸念されます。すでに北極海では、夏季の海氷面積が減少しつつあり、船舶による通商（北極航路）が可能になる日も近い、とさえいわれています。また、氷床の減少は海水準の上昇をともなうため（今世紀末には、約1メートル上昇していると予測されています）、海岸線が陸側へと移動し、沿岸部の一部や島嶼《とうしょ》が水没することが懸念されます。

地表付近の温度上昇は、高緯度帯と低緯度帯とのあいだの熱輸送量、大気・海洋間の相互作用、海洋の循環パターンなどを地球規模のスケールで変えるおそれがあります。高緯度海域の表面水温が上昇し、深層まで沈み込むのに必要な高密度水が形成されにくくなれば、第2章でお話ししたブロッカーのコンベアーベルトにも影響が及ぶことでしょう。海洋の熱塩循環が今後、どのように変化していくのか、そして海水の化学や生物過程にどのような影響が及ぶのか、まさに予断を許さない状況にあります。

すでにお話ししたように、日本海は外部の環境変化に対して、きわめて敏感な体質をもっています。何かことが起これば、真っ先に影響を受け、叫び声を上げるカナリアなのです。そして、世界の大海に先駆けて環境変化を起こすこの「ミニ海洋」に、すでにその兆候が見え始めていることを、これからお話ししなければなりません。

6-2 日本海底層水で見つかった兆し

ぼくが初めて日本海を調査した1977年の9〜10月。白鳳丸での航海は4回めで、船員さんとも顔なじみになり、観測作業にもかなり慣れて余裕の出てきた頃でした。3-6節や3-7節でも一部ご紹介したように、日本海の三つの主要な海盆（日本海盆、大和海盆、対馬海盆、17ページ図1-2参照）を網羅する観測点で海底直上までワイヤーロープを降ろし、さまざまな深さから海水試料を採取しました。船上で、海水中の溶存酸素の分析を担当したことは前述のとおりです。

溶存酸素の分析には、「ウィンクラー法」とよばれる、100年以上前に確立された簡易な滴定法を用います。酸素濃度をヨウ素濃度に置き換えて分析する方法です。

ウィンクラー法の欠点は、ヨウ素が空気中に揮発しやすい性質をもつため、分析作業中にヨウ素を一部逃がしてしまうと、そのぶん酸素濃度が実際よりも低く出てしまうことでした。ぼくは航海の前年にこのことに気づき、ヨウ素を揮発させない改良法を準備して、初めての日本海に臨んでいました。

日本海がとにかく酸素の豊富な海であることは、それ以前に本で読んだり、先輩研究者から聞かされて知っていました（44ページ図2－5参照）。また、3－11節ですでにお話ししたように、日本海では深さ約2000メートルから下の底層水はきわめて均一な性質をもち、鉛直方向に水温の変化がありません。ぼくは首尾よく酸素の分析をこなし、底層水中の酸素濃度が北西太平洋に比べて明らかに高いこと、そしてその高い濃度値が、水温の分布と同じく、海底まで均一に続いていることを確認して大いに満足しました。

その2年後の1979年6～8月、ふたたび白鳳丸に乗船し、日本海のほとんど同じ場所で再度観測を行う機会がありました。前回とまったく同じ方法を用いて溶存酸素を分析したのです。前回の観測からたった2年しか経過していないので、底層水中の濃度分布には変化がないはずでした。

ところが――。

得られたデータを2年前のデータと比べてみて、ぼくはぎょっとしました。二つの鉛直分布には、わずかではあるものの、明らかなズレがあったのです。底層水の酸素濃度は、1977年9月には230マイクロモル／キログラム（7データの平均値）だったのに対し、1979年7月には227マイクロモル／キログラム（5データの平均値）になっていたのです。

わずかな違いと思われるかもしれません。しかし、こんな初歩的な化学分析で1パーセント以上も値がズレるなど、分析担当者としては明らかに失格です。

「どこで間違えたのだろう？」

てっきり分析ミスだと思い込んだぼくは、使用した容器や標準物質を仔細にチェックし、計算を何度もやり直してみました。けれども、問題はどこにも見つかりません。周囲からは、「分析誤差だよ」という声も聞こえます。

しかし、１９７７年も１９７９年も、年ごとの底層水内ではデータはよく一致しており、バラツキはプラスマイナス１マイクロモル／キログラムかそれ以下と非常に小さいのです。３マイクロモル／キログラムという数値は、明らかに有意な差であるといわざるを得ませんでした。

一般に深海では、長い時間をかけて酸素の供給と消費がバランスし、定常状態に達しています。したがって、時期を変えて観測しても、分析の精度内で同じ濃度分布が得られるはずなのです。実際に、北西太平洋やフィリピン海の深層水について過去のデータを解析したことがあり、10年や20年ではまったく変化のないことを確認していました。

それが日本海では、わずか2年間で３マイクロモル／キログラムも減少しているのです。いったい、これは何なのでしょうか……？

6-3 わずか30年で10パーセントも減少!

外洋での一般論を日本海にあてはめようとしたところに、落とし穴がありました。あとで種明かししますが、ぼくの得た観測値はふしぎでも何でもなく、「ミニ海洋」日本海ではごくありうることだったのです。しかし、当時のぼくはまだ、日本海をミニ海洋として認識するまでにはいたっていませんでした。

5年後の1984年8月、決定的なデータが得られました。ふたたび白鳳丸で日本海を訪れたぼくは、またもや同じ観測点で底層水を採水し、まったく同じ方法で酸素濃度を分析しました。得られた値は、なんと223マイクロモル/キログラム!

「間違いない、減り続けている!」

こう確信した瞬間でした。

そうなのです。ミニ海洋である日本海は太平洋などの広い海域とは異なり、深さ3000メートルの底層水といえども、毎年同じとは限らないのです。

その後も機会をとらえて、同じ観測点で測定を続けました。これまでに得られた溶存酸素の鉛直分布データをすべて重ねると、図6-2のようになります。

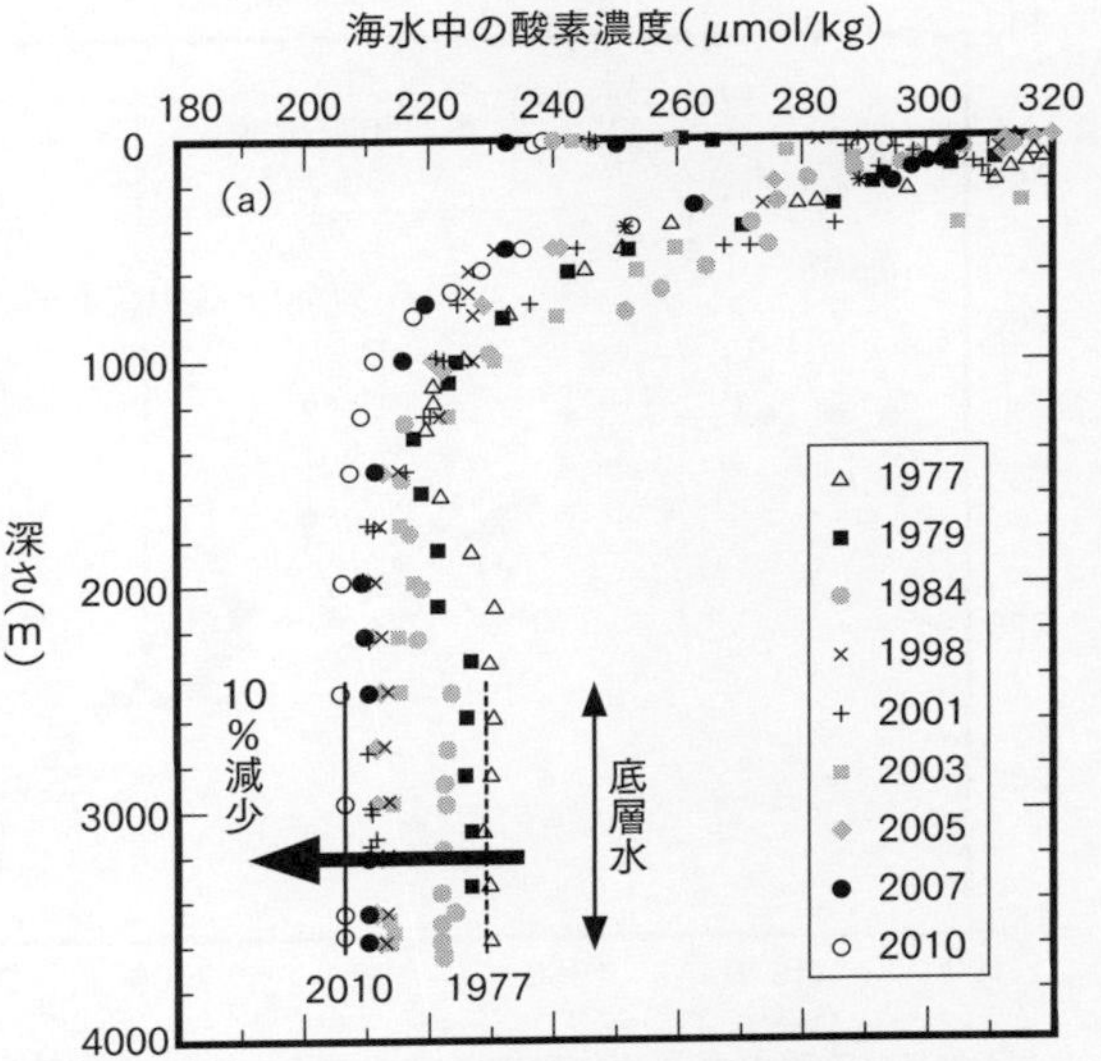

図6-2：日本海の底層水中の酸素濃度が減少している　1977～2010年にかけての日本海盆東部海域(北緯41度42分、東経137～138度)における変化(Gamo *et al*. (2014)より)。

底層水中の酸素濃度は、１９７７年以来減り続け、２０１０年には２０７マイクロモル／キログラムまで減少しました。１９７７年からの33年間に23マイクロモル／キログラムの減少は、当初の２３０マイクロモル／キログラムのちょうど10パーセントに達しています。もし、今後も同じペースで減り続けたとしたら、わずか３００年で酸素濃度がゼロになってしまうほどの速さです。

底層水中の酸素濃度の減少は、東部日本海盆だけに限った話ではありません。大和海盆でも対馬海盆でも、同じように観測されてい

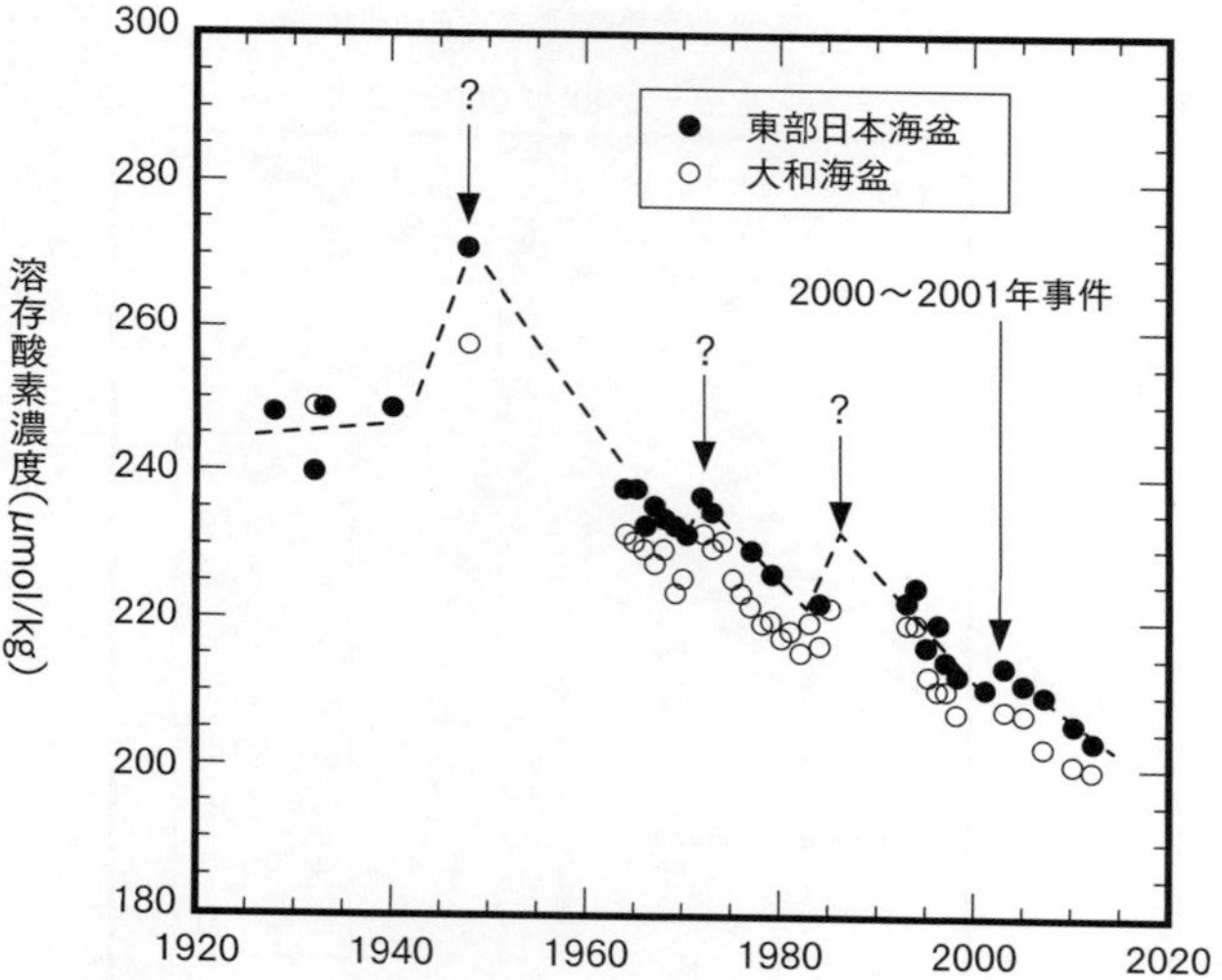

図6-3：日本海の底層水中の溶存酸素濃度の変遷　東部日本海盆と大和海盆における過去約80年間の推移。

ます。したがって、底層水における酸素の減少傾向は、日本海のほぼ全域にわたる共通現象と見なしてよさそうです。

底層水のデータ（平均値）だけを抜き出して、横軸に西暦年をとってプロットしたのが図6－3です。図6－2に示した1977年以後の自分のデータだけではなく、1930年頃まで遡って、これまでに公表されているデータを可能なかぎり含めたものです。

黒丸は東部日本海盆におけるデータ、白丸は大和海盆におけるデータです。前者のほうが後者に比べて少し濃度が高いのは、東部日本海盆のほうが底層水の生成海域に近く、酸素を豊富に含む表面水の沈み込みの影響を受けやすいことを示しています。

日本海での本格的な観測が須田晥次と宇田道隆によって開始された１９３０年頃、約２５０マイクロモル／キログラムあった日本海底層水の酸素濃度は、その後の80年間で、実に43マイクロモル／キログラム、17パーセントも減ってしまったことになります。

6-4 「収入」不足か「支出」過多か

日本海底層水中の酸素濃度の減少は、家計における収支の不均衡に喩えるとわかりやすいでしょう。

つまり、現在の日本海は「支出（出ていくお金）」が「収入（入ってくるお金）」を上回っている状態です。ここで支出を「底層水中での有機物分解による酸素の消費」に、収入を「表面水の沈み込みによる底層水への酸素の供給」に置き換えてみてください。前者が後者を上回っているために、酸素（お金）がだんだん減っていくというわけです。

何度かお話ししたとおり、海水中では、沈降する有機物が微生物によって酸化分解を受け、酸素が消費されています。太陽光線のまったく届かない底層水中では、光合成による酸素の発生が起こらないので、そのまま放っておけばやがて酸素は使い尽くされてしまいます。第１章のコラム（31ページ参照）で紹介した黒海が、これにあたります。

日本海には本来、熱塩循環によって酸素を豊富に含む表面水が沈み込み、底層水に酸素を補給するメカニズムが備わっています。この補給によって、酸素の消費分を帳消しにできれば、酸素濃度は見かけ上、一定に保たれるはずです。

ところが現実は、そうはなっておらず、酸素濃度は減少し続けているのです。ということは、最近の日本海では、酸素の補給が消費に追いついていないことになります。

原因として、二つのケースが考えられます。

一つは、酸素の供給量に変化はないが、消費量が以前より増えてしまった場合。もう一つは、消費量は同じでも、供給量が減ってしまった場合です。ふたたびお金の動きに喩えれば、前者は、収入は同じでも浪費がかさんで支出が増えてしまった場合に、後者は、支出は同じでも給与が下がって収入が減ってしまった場合に、それぞれ相当します。

どちらの場合も、財布の中身（酸素濃度）は減る一方となります。

6-5 水温も上昇していた

前者のケースから考えてみましょう。

日本海表層における光合成が活発になって生物生産量が増えれば、深層に向けて沈降する有機物（マリンスノー）も増え、その分解のためにより多くの酸素が消費されるでしょう。しかし、最近の日本海表層への栄養塩の供給が増えつつあるとか、生物生産が目立って増加しているとか、植物プランクトンの量が特に増えているといった兆候はほとんどありません。すなわち、このケースが影響を及ぼしている可能性は、あったとしてもごくわずかなものと考えられます。

であるならば後者、すなわち表層から底層へ酸素を補給する表面水の沈み込みが減った（もしくは停止した）可能性が俄然、クローズアップされることになります。底層まで沈めるほど十分に密度の高い表面水が形成されるには、冬季にきわめて寒冷な気候条件が必要です。しかし、最近の地球温暖化は、冬季の北西季節風を弱めたり、大気の温度を上昇させたりすることによって、高密度表面海水の形成を阻もうとするでしょう。

酸素の減少と連動するように、底層水の水温も少しずつ上昇していることが、気象庁による１９６５年以来の長期観測から明らかにされています。ぼくたちの観測データでも、１９７７年から２００７年にかけて底層水の水温は０・０３℃の上昇を示しています。

海底からは、わずかではあるものの地熱が放出されているので、底層水を温める作用がありますが。地熱による昇温が確認できるということは、低温・高密度の表面水の沈み込みが弱まっていることと符合しています。温度に関しても、「家計の収支」が合わなくなってきているのです。

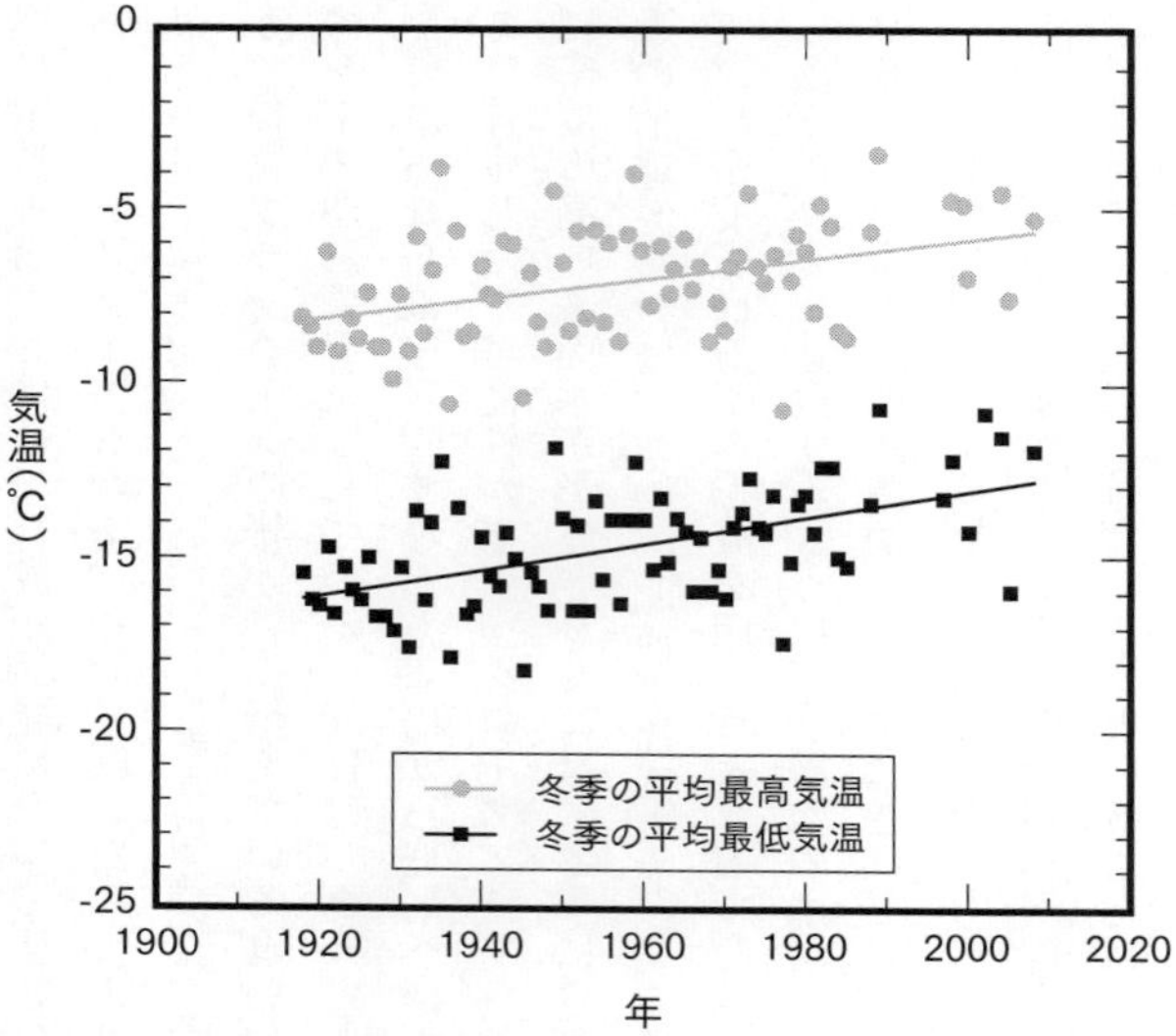

図6-4：ウラジオストクの最高気温と最低気温の変遷　過去約100年間における、冬季（12～2月）の最高気温と最低気温の平均値の推移。

冬季の気温はどうでしょうか？表面海水が沈み込む海域に近いウラジオストクの気温を見てみましょう。図6－4は、過去約100年間にわたって、冬季（12～2月）におけるウラジオストクの最高気温と最低気温をそれぞれ年ごとに平均したものです。

どちらも、100年間でほぼ3～4℃上昇していることがわかります。ここにはヒートアイランド現象（人為的要因により、郊外に比べて都市部が高温になること）による影響が多少含まれる可能性がありますが、地球温暖化の影響は高緯度地域ほど顕著に現れるとされています。

全地球で平均した20世紀の気温上昇0・6℃に比べ、大きな値になっているのはそのためでしょう（153ページ図6-1参照）。

このような気温上昇は、冬季の日本海北部海域における海水の冷却を以前よりも弱めていると思われます。また、北西季節風の強さも減少傾向にあることが報告されています。これらの気候変動が加重的に作用することで、日本海の底層まで沈み込めるほど十分に密度の大きな表面水が形成されにくくなり、表層からの酸素の補給が途絶えがちになったと考えられます。

表面水の沈み込みは、完全に止まってしまったのでしょうか？　それとも、底層水に届かないだけで、もう少し浅い深度なら表面水の沈み込みは続いているのでしょうか？

6-6　日本海の熱塩循環に異変が！

5-2節（129ページ参照）で地下水の年齢を決めるのに役立ったトリチウム（^{3}HまたはT）が再登場し、ここでは海水の動きを知るための重要な情報を提供してくれます。

大気核実験に由来する半減期12・3年の放射性核種・トリチウムは、1960年代にのみ集中的に大気中で生成され、雨水として海洋表面に降下しました。表面水の沈み込みが起これば、トリチウムを含んだ水も一緒に沈み込むので、深層でトリチウム濃度が増加します。

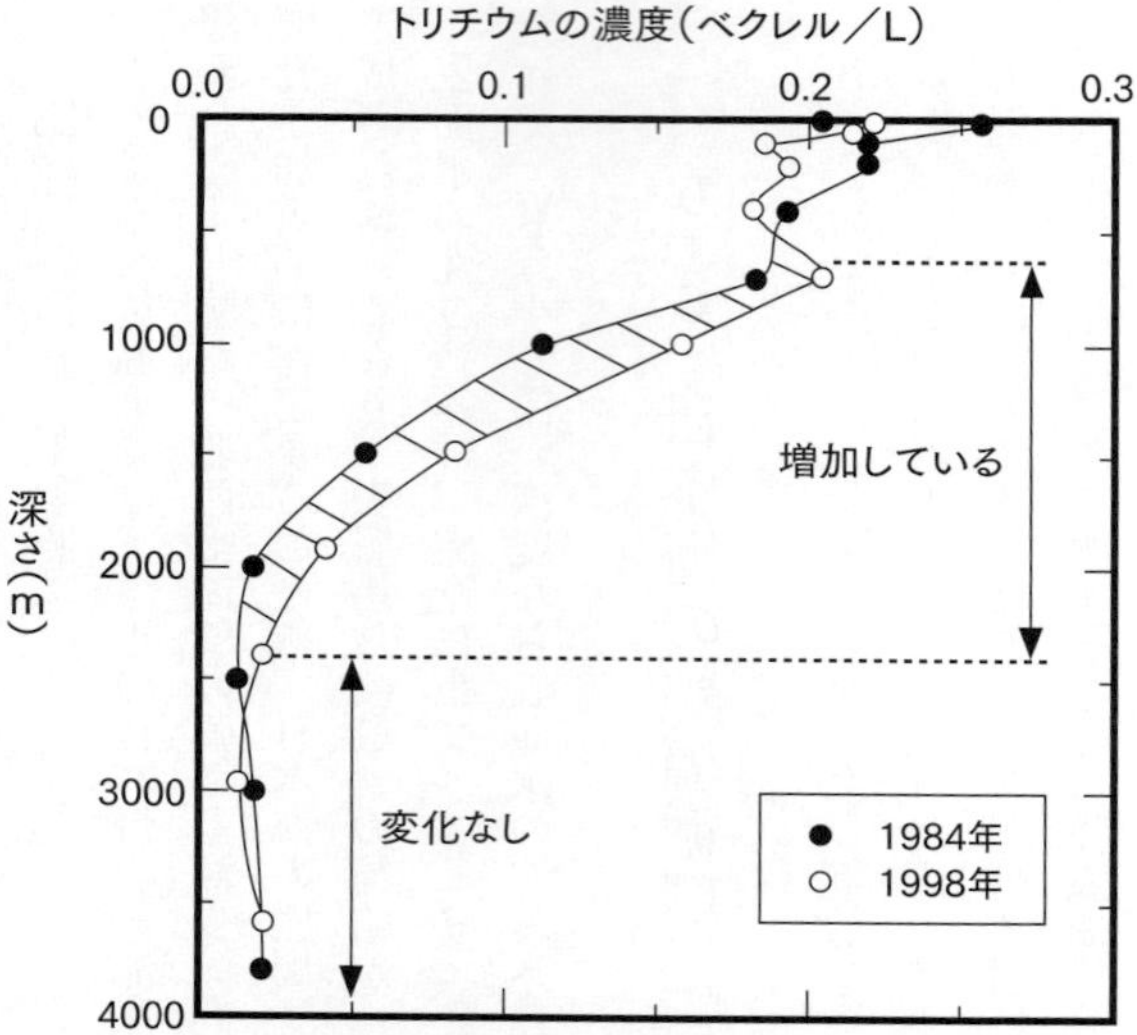

図6-5：日本海の海水中のトリチウム濃度の変化　日本海盆東部海域(北緯41度21分、東経137度20分)における1984年と1998年の値の比較。1998年のデータは、14年間の放射壊変による減少分を補正してある(Gamo *et al*. (2001)より)。

この人工トリチウムは、大気と接する海洋表面にしか供給源が存在しません。また、トリチウムは水(H_2O)の中に「THO」として紛れ込み、水としてしか移動しません。

この二つが、重要なポイントです。大気とは決して接することのない深層海水中で、もしトリチウムが増えていれば、それは表面水が沈み込んだ決定的な証拠となるからです。

１９８４年と１９９８年に実施した日本海調査の際、同一の観測点から海水を採取して、トリチウムの濃度分布を比較しま

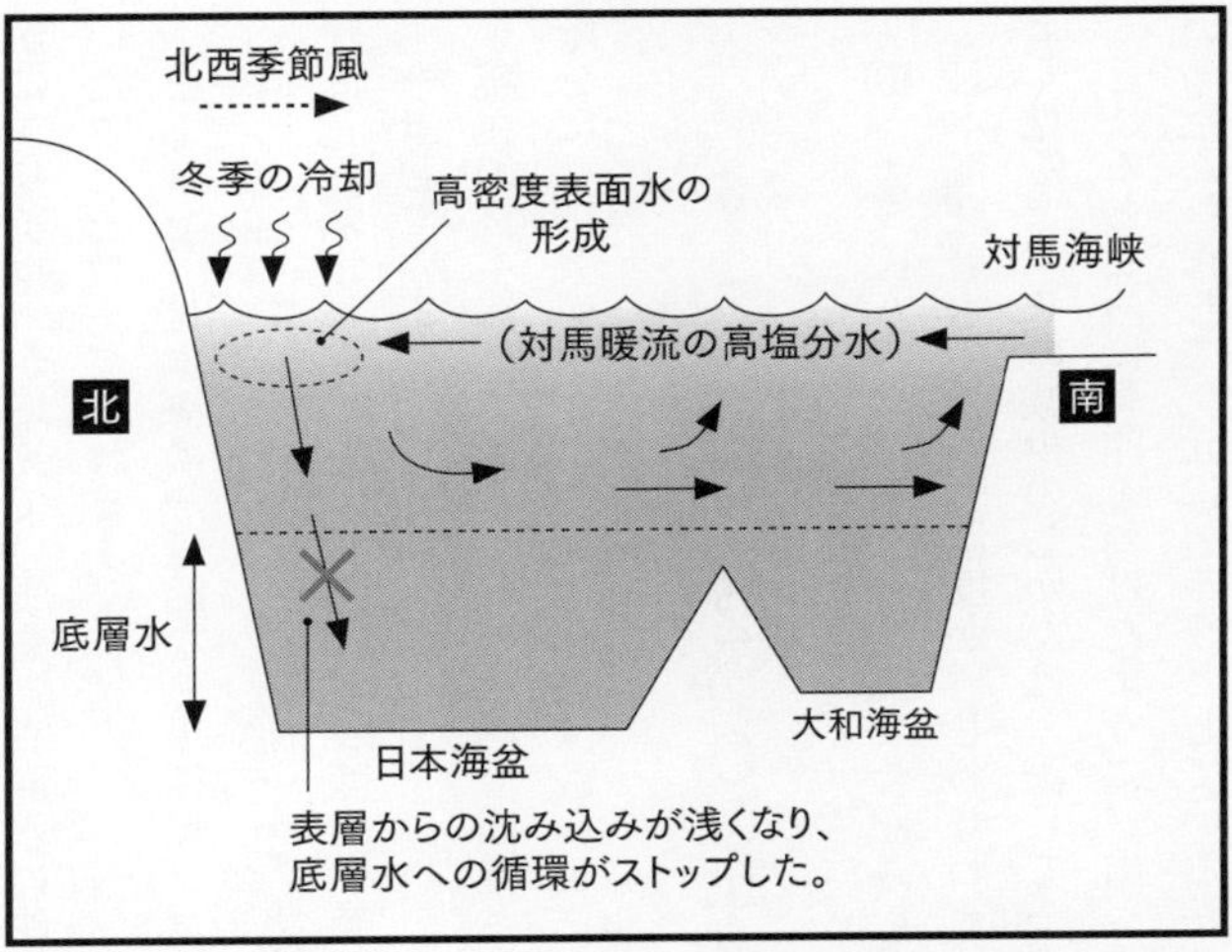

図6-6：最近の日本海の熱塩循環パターン　表面水の沈み込みが底層まで届かなくなり、底層水が熱塩循環系から切り離されてしまった（Gamo *et al*. (2014)より）。28ページ図1-7参照。

した。その結果が、図6-5です。なお、1984年の値は、1984年から1998年までの14年間に放射壊変によって減少した分を補正するため、トリチウムの半減期を用いて1984年の値に戻していることに注意してください。

図6-5から、以下の二つのことがわかります。

まず、①2000メートルより深い底層水には、トリチウムの増加が認められません。つまり、底層まで届く表面水の沈み込みは、この14年間はほとんどなかったことになります。

一方で、②深さ700〜2000メートルの深層では、この14年間で明らかにトリチウムが増えています。表面水の沈み込みが深さ２０００メートルあたりまでは届いていたことを教えてくれます。

第１章で、日本海の一般的な熱塩循環（コンベアーベルト）として図１－７を示しました（28ページ参照）。しかし、最近の日本海については修正が必要です。それが図６－６で、表層から沈み込む熱塩循環の及ぶ深度が浅くなり、底層水が熱塩循環から切り離されて孤立しているようすを示しています。

現在の日本海は、図６－６の状態で固定されてしまったのでしょうか？　底層まで届くような十分に重い表面水の生成は、今後はもう起こらないのでしょうか？

６－７　極寒の２０００年冬に起きていた事件

160ページ図６－３をもう一度見てください。

日本海底層水中の酸素濃度が、じわじわと減少していることは間違いのない事実です。しかしよく見ると、その減少のしかたは、決して一本調子ではありません。

ところどころに矢印をつけたように、出っ張りの見える箇所があります。酸素の減少がそこでいったん停止して、元に戻ろうとしているかのようです。つまり、ごく一時的ではあるものの、

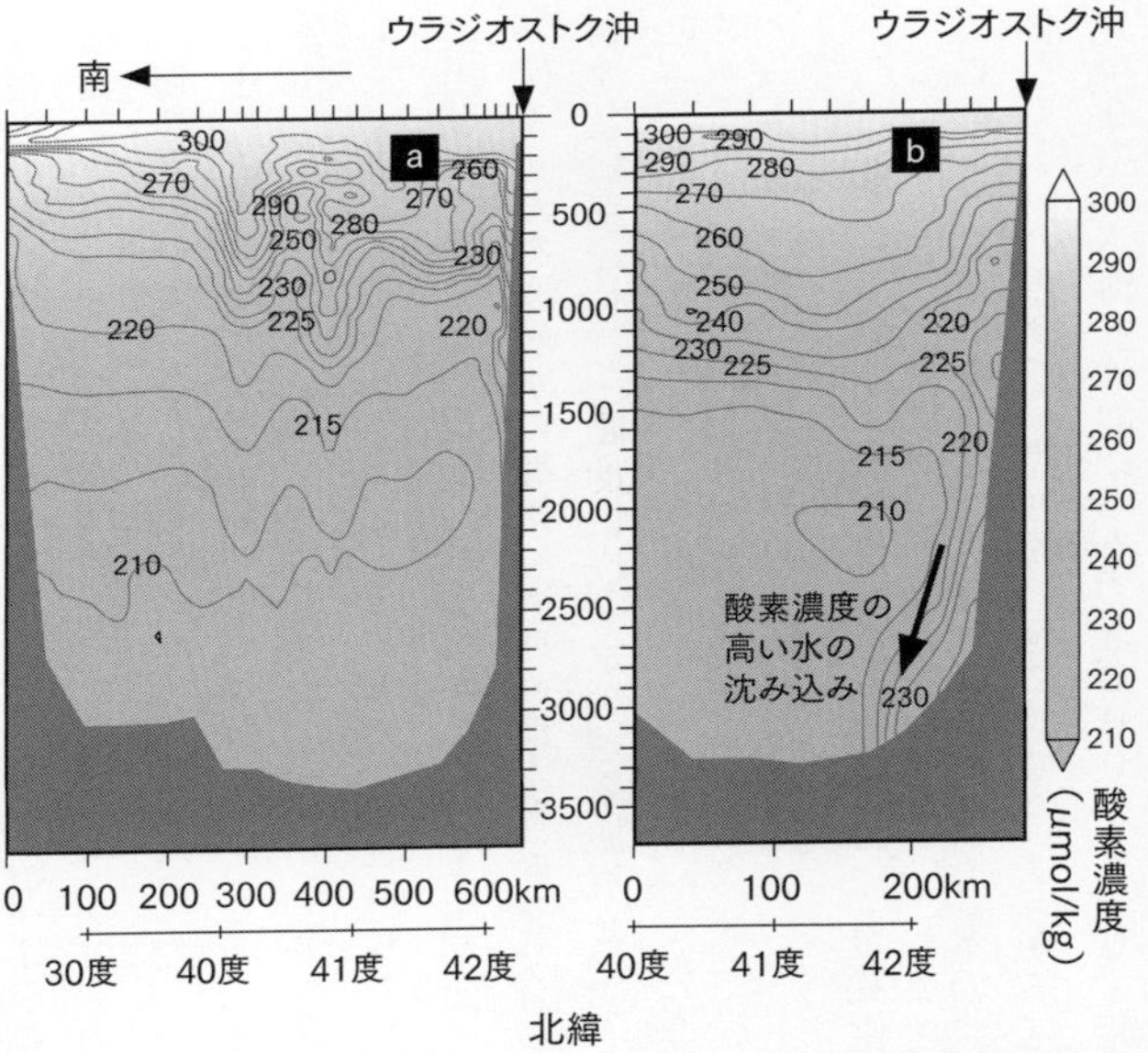

図6-7：ウラジオストク沖から南向きに日本海を輪切りにしたときの溶存酸素濃度分布　図中３桁の数字は酸素濃度（μmol/kg）。a 2000年３月３〜７日に観測、b 2001年2月24 〜 27日に観測（Talley *et al.* (2003)より）。

「酸素の補給がなされた＝底層水が形成された」ことを示しているように見えます。そんなことが、現実に起こりうるものなのでしょうか？

実は、このような一時的な底層水の形成が２０００年から２００１年にかけての冬に実際に起こったことが、その直後の海洋観測によって確認されています。その冬の日本海は、例年になく寒冷な気候に見舞われていました。

２００１年の早春から夏にかけて、日本・韓国・ロシア・アメリカの研究者からなる複数の調査チームがCREAMS計画（51ページ第2章コラム参照）の一環として、ロシアの観測船を用いて西部日本海盆から対馬海盆にかけての観測を行いました。

偶然とはいえ、これが絶好のタイミングでした。ウラジオストク沖合に、深さ3000メートルを超えて、酸素濃度の高い海水が滑り落ちているようすが見事にとらえられたのです（図6-7b の太い矢印）。前年の早春には、このような水塊はまったく存在しませんでした（図6-7a）。酸素濃度の増加ばかりではなく、水温の低下や塩分の増加、栄養塩の低下なども合わせて検出されたのです。新しい底層水が2001年初頭の冬に形成された明白な証拠でした。沈み込んだ底層水の塊は、周囲の海水と混ざり合いながら、2～3年かけて東部日本海盆や大和海盆に到達し、一時的に底層水の酸素濃度を増やしたのでしょう。それが160ページ図6-3に、「2000～2001年事件」と矢印で示した箇所です。

6-8 カナリアの警告
——そして、世界の海にも変化の兆しが現れた

このようなイベントは、図6-3で他にも3本の「?」つきの矢印で示したように、ほぼ20年おきくらいの頻度で、間欠的に起こっていたように見えます。

現在の日本海ではおそらく、2000～2001年の観測で確認されたように、格別に寒さの

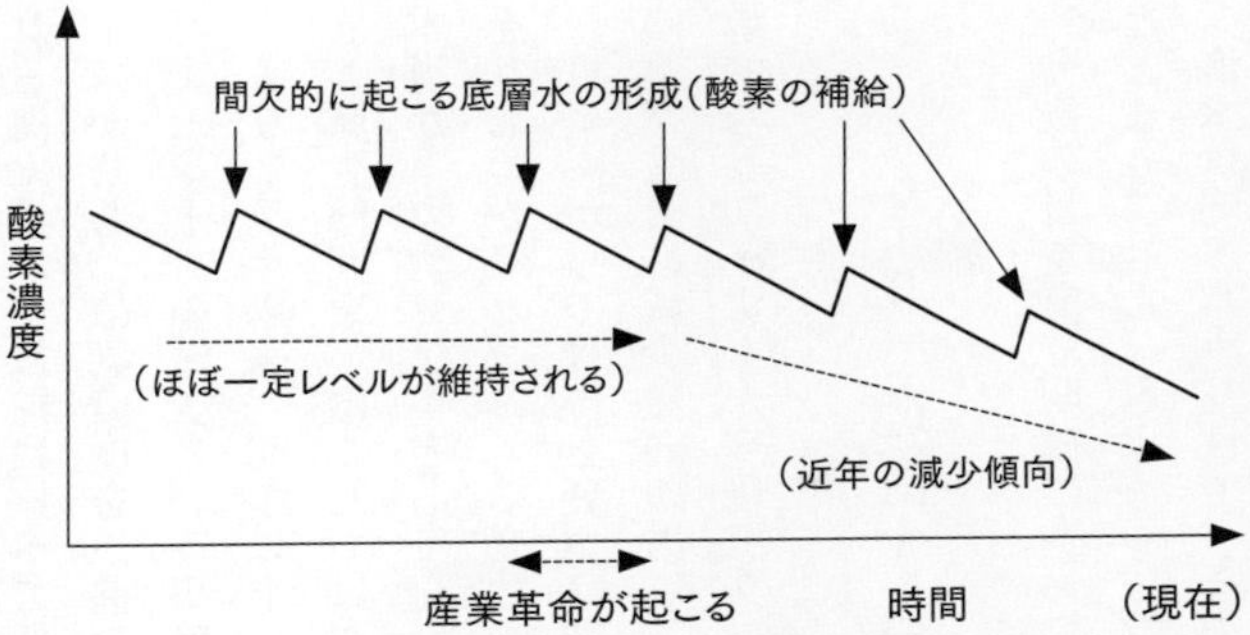

図6–8：日本海底層水中の溶存酸素濃度の経年変化（説明モデル）　極寒の冬のみ、高密度の表面水が底層まで沈み込んで酸素が補給され、一時的に酸素濃度が増加する（矢印で示したピーク）。産業革命の頃までは、長期にわたってほぼ一定レベルの酸素濃度が維持されてきたが、近年はグローバルな気候変動の影響を受け、減少傾向となっている。

厳しい冬に限って、著しく密度の高い表面水が形成され、それが底層まで沈み込んで酸素を補給するのでしょう。その補給がしばらく途絶えると、底層水中の酸素は減少していきます。そのうちにまた次の補給がなされて酸素レベルを引き上げる、というジグザグのパターンを繰り返してきたものと推測されます。

　このようすを模式的に示したのが図６－８です。産業革命による地球環境の変化が起こる前までは、酸素濃度に多少の上がったり下がったりのジグザグはあっても、長期間でならして見れば、ほぼ一定レベルの溶存酸素濃度を維持してきたと考えられます。

　ところが近年、厳密にいつからかはわかりませんが、地球温暖化などのグローバルな気候変化の影響を受けて、底層水の形成頻度や形成される海水量が、以前に比べて低下したものと想像されます。その結果、底層水への酸素の補給ペースが落ち、酸素濃度を以前のような高いレベルに保つことができなくなって、過去33年間で10パーセントもの減少という事態に陥《おちい》ったのだろうと考えています。

1977年以来、30年以上にわたる観測を経てはっきりと見えてきた、底層水における溶存酸素の減少傾向を、ぼくたちはしっかり認識しなければなりません。これこそ、ミニ海洋である日本海が〝カナリア〟として発している警告の一つだからです。その背後にひそむ環境変動の実態を、しっかりと読みとる必要があります。

日本海からの警告を裏づけるように、世界の海洋においても、地球温暖化などの影響で海水中の溶存酸素に減少傾向のあることが、指摘され始めています。大海の未来を映すミニ海洋での先導的な長期データが今後、グローバルな観点からも大きな役割を果たすことが期待されます。

6-9 進行する酸性化の影響は？

今後の日本海で明確に進んでいくと予測される環境変化は、温度上昇や溶存酸素の減少だけにとどまりません。もう一つ、重要な変化として、「海洋の酸性化」を取り上げたいと思います。

海水は弱アルカリ性で、そのpH（水素イオン指数）は表面水で8・1～8・2程度です（pH＝

7が中性)。海水のpHは、一般に深さとともに減少し、深層水では7・5~7・8程度になります。

海洋の酸性化で、まず問題になるのは表層水です。産業革命以後の大気二酸化炭素濃度の上昇によって、大気から海洋へ溶け込む二酸化炭素が増加しました。この二酸化炭素は水と反応して「炭酸」という弱い酸をつくり、海水のpHを低下させます。

最近の約200年のあいだに、海洋表層水のpHが0・1低下したことが、先にも登場したIPCCの第5次報告書に示されています。この傾向は今後も続き、酸性化がしだいに海洋の深層にまで拡がっていくことは避けられないと見られています。

海洋の酸性化は、海洋の化学的性質そのものに関わる重大事です。海に暮らす貝やサンゴ、有孔虫などの生物が、炭酸カルシウム($CaCO_3$)でできた殻や骨格をつくることができるのは、海水中における炭酸カルシウムの溶解度がきわめて小さいためです。

ところがpHの低下は、炭酸カルシウムの溶解度を増加させる方向に働きます。つまり、溶けやすくしてしまうのです。殻や骨格をつくりにくくなれば、その生物は絶滅の危機にさらされるでしょう。さらには、その生物が関わる生態系や食物連鎖にも影響が及び、海洋生物全体を巻き込んだ大問題へと発展することが懸念されています。

一方で、海洋表層における二酸化炭素の増加は、そこに対する栄養塩の供給もまた十分であれば、光合成（40ページ図2－3参照）を促し、4－11節でお話しした表層と深層とのあいだで起こる栄養塩の循環（115ページ図4－9参照）を活発化させる可能性もあります。しかし、海洋の酸性化に付随して起こるさまざまな現象が、海洋の環境を全体としてどう変えていくのか、現時点ではあまり明らかになっていないのが実状です。

6－10 日本海でのみ起こっていること

日本海ではどうでしょうか？

図6－9は、1977年から1998年にかけて、東部日本海盆域で計測された海水のpHデータを重ねてみたものです。この21年間に、表面水のpHは0・06～0・07低下し、全海洋に共通して見られる酸性化が、日本海でも進行していることを示しています。

しかし、この図は同時に、日本海でのみ進行している〝ある事実〟を浮き彫りにしています。日本海においては、酸性化が表層だけにとどまっていないのです。図6－9から明らかなように、pHの低下は深層まで続き、底層水でも0・03～0・04程度、数値が下がっています。

表層水はともかく、底層水にまで酸性化が進行している――。いったいなぜでしょうか？ こんな深い海水が酸性化したという話は、世界中のどの海域からも、いまだ聞いたことがありませ

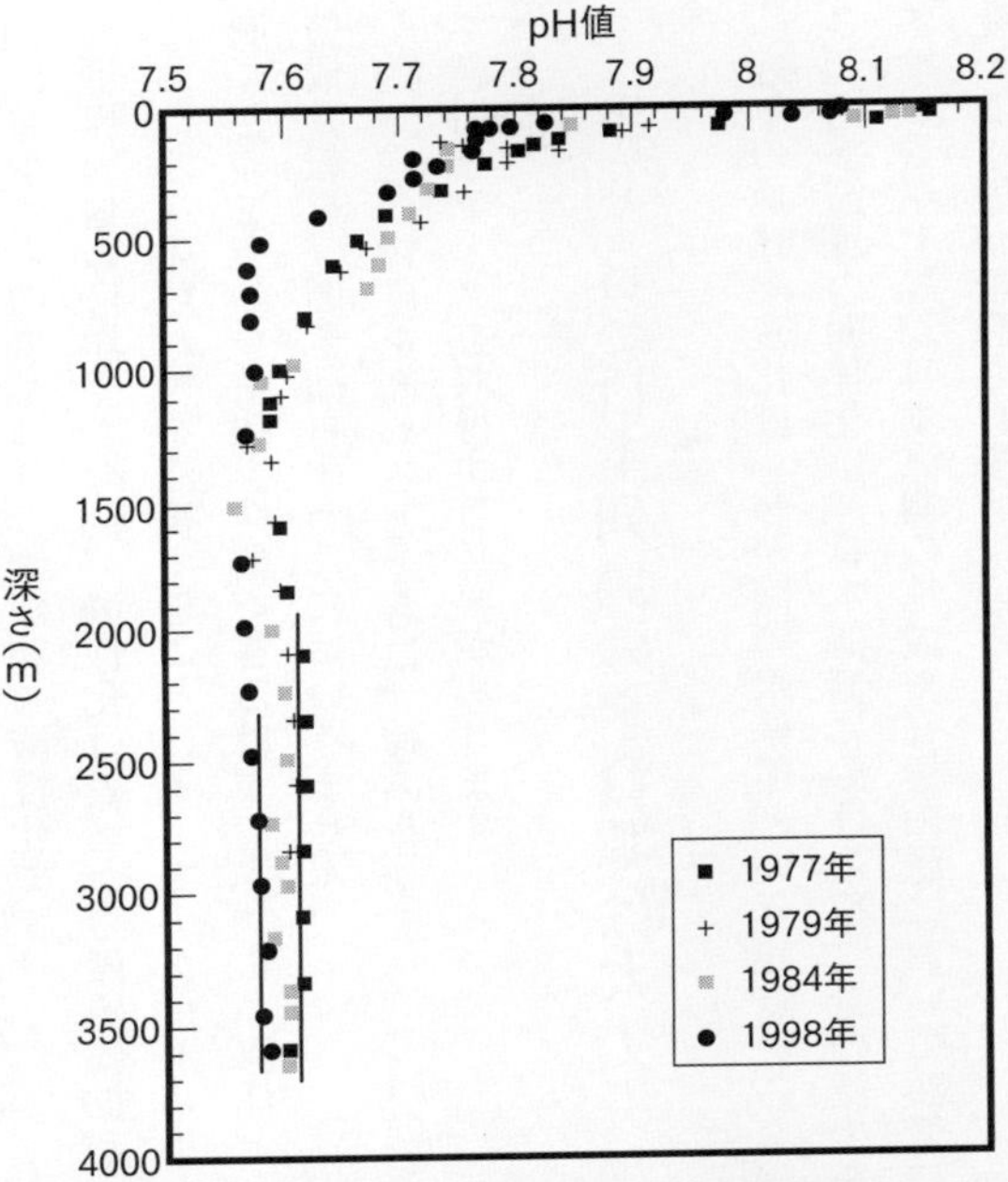

図6-9：東部日本海盆における海水のpH分布の時系列変化　pH値は25℃におけるもので、米国National Bureau of Standard (NBS)のpH標準溶液に対する値である。

ん。ミニ海洋である日本海で先行するこの現象は、何を意味しているのでしょうか?

日本海底層水の酸性化は、159ページ図6－2や160ページ図6－3で示した底層水中の酸素濃度の減少と関連しています。底層水中で有機物の酸化分解が行われれば、酸素が減少すると同時に、反応生成物として二酸化炭素が発生します。底層水は熱塩循環から切り離されていますから、全炭酸

（ΣCO_2、79ページ参照）の濃度は増加の一途をたどります。それにともなって酸性度が増加し、pHは減少するのでしょう。すなわち酸性化です。

世界の他の海洋でも今後、酸性化は表層から深層に拡がっていくことが危惧されます。日本海における〝先触れ〟を注視することによって、グローバルな海洋の酸性化の全容解明と進展の予測にとって有効な情報を発信できるはずです。ミニ海洋として日本海が懸命に発してくれている警戒警報を、聞き漏らすわけにはいきません。

pH測定の精度を高めるとともに、他の化学成分（ΣCO_2や栄養塩類）もあわせて、今後継続して詳細なデータを取得する必要があります。

6-11 日本列島の水資源は大丈夫か？

近年の地球温暖化は、わが国の水循環という観点からも、ゆゆしい問題を提起しています。北西季節風の弱体化は、日本海側における積雪量の減少をもたらす可能性があります。また、冬季の気温上昇が日本海側の地域や脊梁山脈において顕著になってくれば、降雪ではなく降雨に変わる事態が予想されます。

「水資源としては、雪も雨も同じではないか」と思われるかもしれません。しかし、降ったあと、

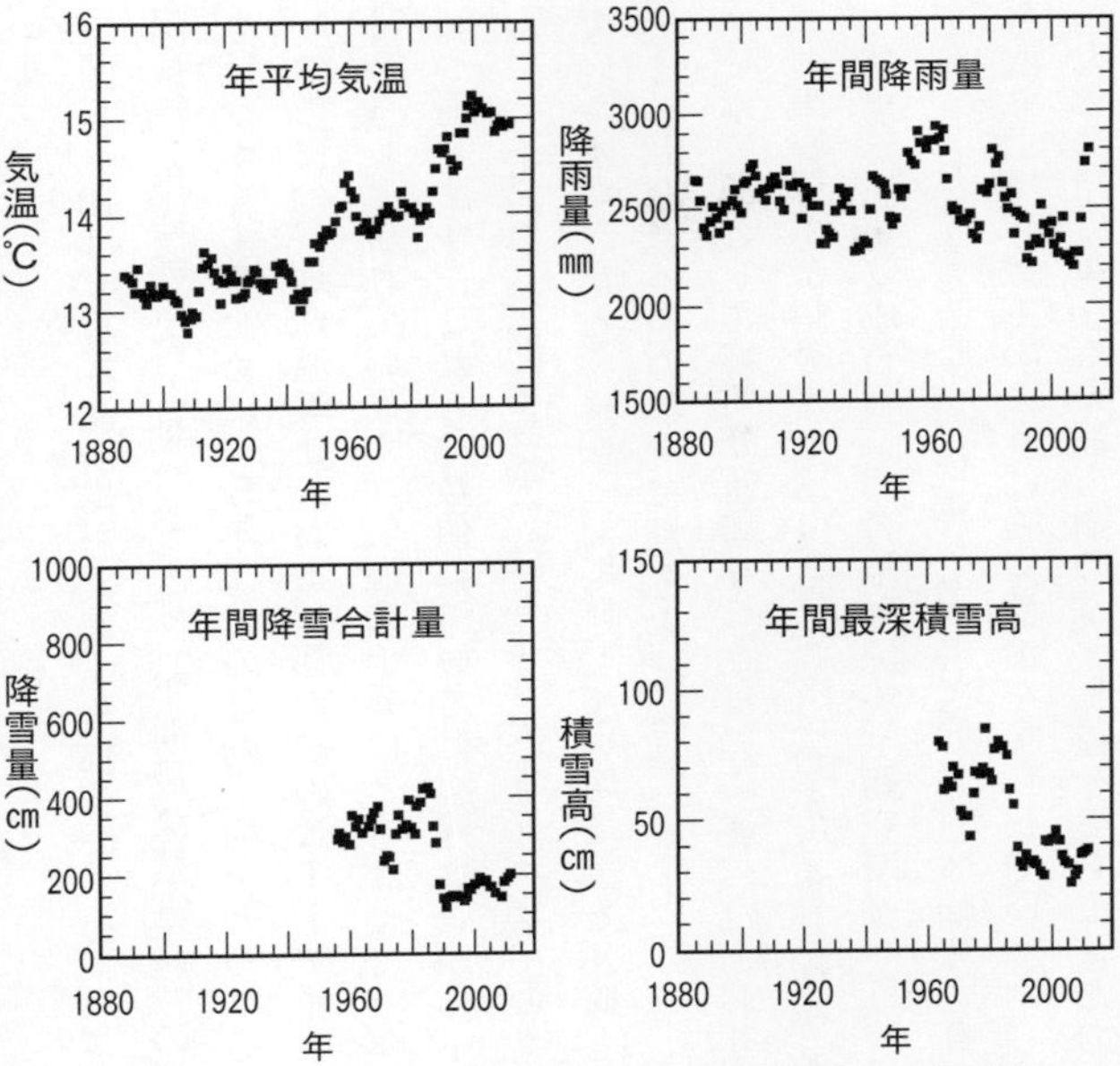

図6-10：金沢における過去130年間の「年平均気温」「年間降雨量」「年間降雪合計量」「年間最深積雪高」の推移　いずれも、5年移動平均の値（原データは気象庁による過去の気象データ検索サイトより）。

のことを考えると、両者にはきわめて大きな違いがあります。

1-5節でも指摘したように、雪はしばらくのあいだ、固体として地表に残ります。雪の融解はゆっくり進むので、水はじわじわと地中にしみ込み、特に山岳地方では地下水として保持されやすいのです。

一方、液体としての雨は、貯水池などを除けば陸上にはほとんど保持されず、短時間のうちに川を流れ下って、海へと逆戻りしてしまいます。

図6－10は、日本海沿岸を代表する都市の一つとして、金沢における「年平均気温」「年間降雨量」「年間降雪合計量」および「年間最深積雪高」の経年変動を示したものです。変動の傾向を見やすくするために、5年ごとの移動平均をとっています。

ここには、地球温暖化（および都市部のヒートアイランド現象）と見られる気温の上昇傾向がはっきりと現れています。気温の上昇にともなって、年間降雪合計量と年間最深積雪高は減少しつつあります（これらの数値については、残念ながら1960年頃までしか遡ることができません）。一方で、年間降雨量にはあまり大きな変化がありません。つまり、かつては雪として降っていた水が、最近では雨として降っていることを示唆しています。

日本海沿岸の他の都市、たとえば輪島や富山の各データも、金沢と似た傾向で推移しています。水資源として降雪が重要なことは先に述べたとおりです。このまま減少傾向が続けば、わが国の水資源に黄信号がともり、ひいては豊かな森林生態系を維持できなくなるおそれがあります。

気象学者・安成哲三《やすなりてつぞう》（総合地球環境学研究所長）は、『「地球温暖化」と環日本海の気候・環境変化』（日本海学推進機構編〈2008〉：日本海学の新世紀8総集編）の中でこの問題を正面から取り上げ、以下のように強く警鐘を鳴らしています。

「太平洋岸に連なる大都市圏の水と食糧を支えてきたのが日本海側の雪を前提とした水資源と農

業だという構図が見えてくる。『地球温暖化』が人間活動によるか否かの議論もさることながら、人類が作り上げた現在の生存基盤システムが、いかに気候変動・変化に対し、脆い状況になっているかの評価と対策をこそ、早急にすべきではないか」

6-12 21世紀の日本海——「逆さ地図」からの発想を

本章もまとめの段階に近づきました。最後に、一枚の地図をご紹介したいと思います。図6-11は、富山県が作成した「環日本海・東アジア諸国図」です。俗に、「逆さ地図」とよばれています。「何、これ?」とよくわからない人は、本書をぐるりと180度回転させてみてください。この地図は1994年に初めて発行され、ここに転載したものは2012年に発行された改訂版です。実物はカラーのB1サイズで、富山県のウェブサイトから購入できます。

国連環境計画NOWPAP(北西太平洋地域海行動計画)の本部事務局を置き、積極的に環日本海の国際的協調や持続可能性の方向を探る富山県ならではの斬新さを感じます。ぼくは、この地図を見るたびに、固定化した発想がすべてリセットされ、新しい視点から日本列島を俯瞰できそうな気がしてきます。

地図はふつう、北の方角を上にしますね。本書に掲載した他の何枚かの地図もそうなっていま

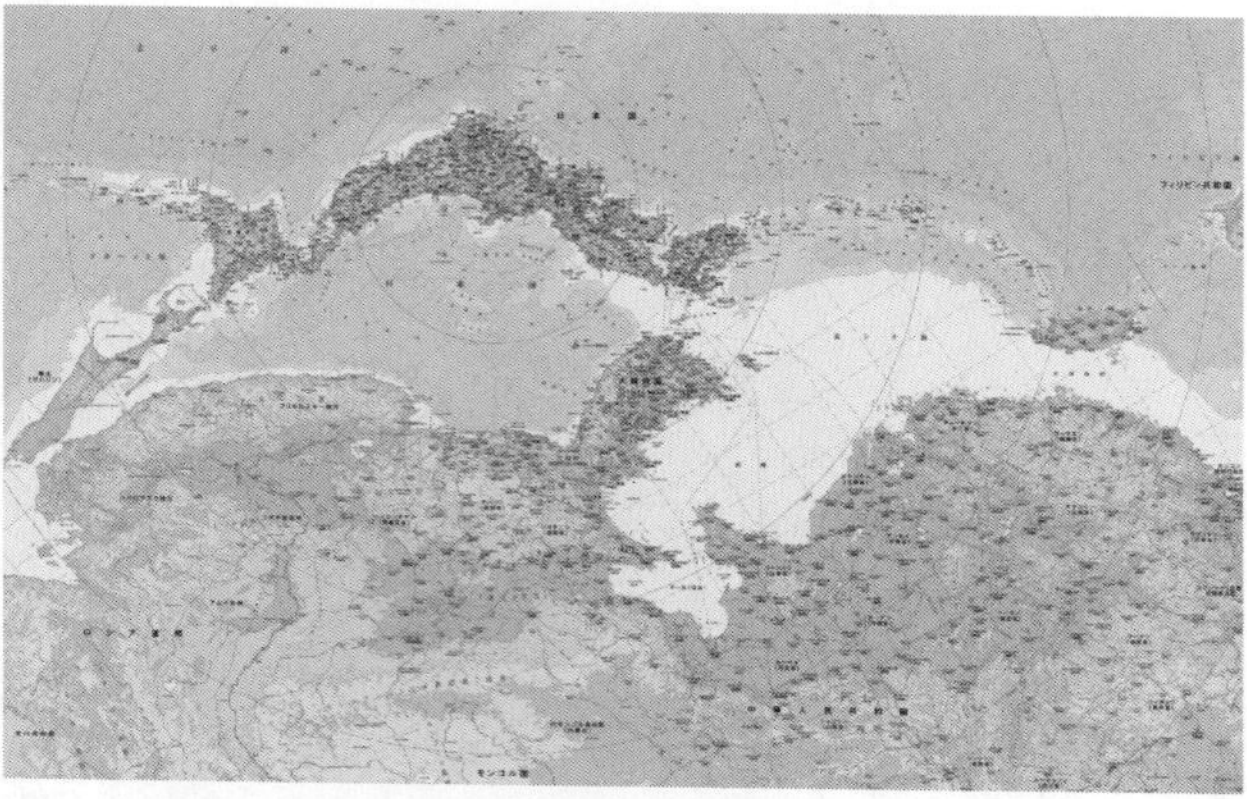

図6-11：環日本海・東アジア諸国図（資料提供：富山県（平24情使第238号））

す。ぼくたちはこれを当たり前のことと思い込み、ふだんは疑問を感じることもありません。

しかし、「日本海」や「日本列島」という言葉から連想する地図が、北を上にした一通りしかないことには、発想がそれだけ制約され、画一化され、ついには衰退していく危惧を覚えます。天気予報やナビゲーションのための実用的な地図であれば、正確に北を向いてくれないと困りますが、地図にはもっと別の役割もあります。地図を見ながらさまざまなことを考え、連想し、とりとめもなくアイディアを飛翔させる楽しさがそこにあるべきです。

日本海の地理を、陸と海という、基本的な二つの構成要素に注目しながら眺めるとき、いつも見慣れた北向きの地図よりも、逆さ地図のほうに、ぼくは新鮮な迫力を感じます。アリューシャン列島、日本列島、そして南西諸島が、それぞれ山なりの弧を描きながら、ユーラシア大陸と太平洋とのあいだをゆるやかに隔てている美しい構図にも、この逆さ地図を見ることで初めて気づかされます。

３万年前か４万年前、ユーラシア大陸の東端まで到達した人類は、目の前に広がる海（日本海）を感動して眺めたことでしょう。そのとき彼（あるいは彼女でしょうか）が、もし頭の中に地図を思い浮かべたとしたら、自分の踏みしめる大陸を下側に、そしてこれから渡るかもしれない日本海を上側に配置するのが自然でしょう。その構図は、まさに逆さ地図そのものです。

アメリカの国際政治学者サミュエル・ハンチントンの著書『文明の衝突』によれば、日本文明はその独自性から、「世界の７大文明」の一つとして別個にカウントされています。同じく７大文明の一つである中華文明とは、明確に区分けされているのです。

日本文明の基盤は、縄文時代このかた、日本の置かれた地理的・気候的環境条件のもとで育まれてきました。大陸と日本を隔てる日本海が、そこでは必要不可欠の存在として、大きな役割を果たしてきたことは、本書でご紹介してきたとおりです。

日本文明の基調をなす優秀さや、西欧社会にはない美点（自然への崇拝心や惻隠《そくいん》の情、高潔さや、卑怯を憎む心など）は、当時の日本における表玄関であった環日本海地域において、日本海と共生し、美しい国土を愛《め》で、持続的生活に慣れ親しんだことから、自然と培われてきたのではないでしょうか。

本書では、日本海には独自の深層循環系や気候システムがあり、環日本海の人々はそれらの恩恵を享受しつつ、活発に交流し、環日本海文化圏を発展させてきたことを、さまざまな側面からお話ししてきました。日本海というほんとうに小さな海が（それはまさに、ミニ海洋とよぶにふさわしい海ですが）、日本列島に限りのない恵みをもたらす大切な存在であることをお伝えしました。

日本海とともに歩んできた日本民族が、自らの美点や誇りを取り戻すきっかけもまた、日本海に求めることができるように感じています。日本海の恩恵や重要性に気づき、隣り合う身近な存在として意識することから、新しい局面やアイディアが生まれてくるのだろうと確信しています。

そして21世紀を生きるぼくたち人類は今、自身の活動に起因する地球環境の変化への対処、今後の持続的な地球環境保全への方策など、全世界的に深刻な問題に直面せざるを得ない状況にあります。逆さ地図に描かれた日本海のなかに、その解答へとつながる有益なヒントがいくつも隠されているような気がしています。

COLUMN ❻

白鳳丸による観測航海

本書で何度も登場した学術研究船「白鳳丸」。ぼく自身、幾度もこの船に乗って研究航海の旅に出ました。調査・研究を目的とした航海とは、どのようなものなのでしょうか。

白鳳丸による研究航海の一例として、2010年6月から7月にかけて、日本海・北西太平洋方面で実施された「KH－10－2次航海」（主席研究員は富山大学の張勁教授）のスケジュールをご紹介しましょう。

6月11日、定員いっぱいの35名の研究者を乗せて東京港を出港した白鳳丸は、本州東方をまっすぐ北上し、津軽海峡から日本海に入りました。18ヵ所の観測点で海水採取などの作業を行ったあと、6月19日に函館港に寄港。ここで、乗船研究者の一部が交代しました。

6月21日に、乗船研究者34名で函館港を出港。北海道東方の北西太平洋とオホーツク海で13ヵ所の観測点を回ったのち、宗谷海峡を経て日本海に戻り、さらに31ヵ所で観測を継続しました。

7月14日に博多港に寄港し、ふたたび乗船研究者の一部が交代します。7月17日に23名の研究者を乗せて博多港を出港、日本海で13ヵ所の観測を完遂したあと、津軽海峡を経て三陸沖を南下し、7月23日に横浜港に帰港して、無事に航海が終了しました。

このような研究航海は、短い場合で20日間程度、長ければ3ヵ月ほどにわたって行われます。さまざまな学術分野の研究者グループによって、毎年5~10回程度の航海が実施されています。

白鳳丸の運航は現在、国立研究開発法人・海洋研究開発機構（JAMSTEC）が司っています。ここでいう運航とは、船としての機能や装備を正常に維持すること、航海日数を決めてそれに応じた燃料を搭載すること、船長以下の乗組員を配置して研究海域へ船を進め、観測作業を行うことなど、研究航海に不可欠のハード面全般を指します。

研究船の運航には巨額の経費がかかりますが、国からの補助金で賄われます。乗船する研究者に運航費の負担のかかることはありません。

一方、白鳳丸を用いてどのような学術研究を行うか、すなわち観測航海のソフト面は、研究者からの提案に基づくボトムアップ方式によって決められています。日本全国の大学・研究機関に対し、広く研究課題が公募されます。提案された研究課題を評価し、優劣を判断するのは、東京大学大気海洋研究所に置かれた「研究船共同利用運営委員会」（以下「委員会」）です。全国の大学・研究機関に所属する海洋研究者の代表18名が、3年交代で委員を務めます。

航海を希望する研究者は、研究の目的・方法、具体的な航海計画、乗船予定者リスト、使用する観測機器、従来の研究業績等々を詳細に記載した提案書を委員会に提出します。どれだけ魅力的な提案書が書けるかどうか、研究者の力量が問われる場面です。

さらには、その研究の重要性や斬新さを、委員会の主催する公開シンポジウムでわかりやすく説明し、質疑応答をクリアしなければなりません。その後、委員会では審査結果をとりまとめ、各研究課題に評価点数をつけます。高い点数を獲得した研究課題から、航海日程表に組み入れられるしくみです。

こうした作業は3年ごとに行われ、向こう3年分の航海計画が大まかに決まります。3年という長期にわたってあらかじめ決めておくのは、時期や長さや海域がまちまちの採択航海の組み合わせ方の自由度を高め、限られた航海日数をできるだけ有効に割り振るためです。

また、航海の準備期間もこれで十分に確保されます。たとえば、他国のEEZへの入域申請は航海の6ヵ月前までに行う必要があるなど、事前の準備に時間をとられることへの対策です。

ただし、緊急性の高い研究を直前に追加することもできるように、年間航海日数の一部（30日間程度）を別枠として保留し、その前年度に申請を受け付ける体制になっています。その場合ももちろん、厳格な審査をパスする必要のあることはいうまでもありません。

白鳳丸の運航は、2004年4月に東京大学からJAMSTECに移管されました。移管直後の年間運航日数は285日と、それ以前の6割増しになり、全国の海洋研究者にとって大きな福音となりました。

しかし、残念なことに、運航日数は年とともに減少し、2015年現在では、移管前の水準に逆戻りしてしまいました。油価の高騰や運航予算の削減などが影響しているようです。ボトムアップによる海洋の基礎的研究や大学院生の教育は、わが国の学術の基幹をなすものです。それらを維持・発展させるうえで、白鳳丸の運航日数の減少は大きな不安材料となっています。

エピローグ

日本列島の〝母なる海〟ともいうべき日本海の大切さを、さまざまな角度からお話ししてきました。

地理的に、まさに日本列島と隣り合わせの日本海。ぼくたちは、日本海から数限りない恩恵を日々、受け取っています。しかし、日本人の多くは、日常的にはそのことをあまり意識していないようです。

その理由は、さまざまに考えられます。明るく開放的な太平洋側に比べて、日本海といえば、淡泊で地味なイメージが先行するのかもしれません。あるいは、対岸の国々との歴史的経緯からくる躊躇や気まずさから、つい目を背けてしまう心情的な要因もあるでしょう。

しかし、日本人でありながら、隣接する日本海にさしたる関心をもたず、その存在価値に気づかずにいるというのは、やはり不自然であり、何とももったいない話です。日本海がもたらす日本列島の湿潤で温暖な自然環境や、日本海の恩恵に支えられてこそ実現可能だった縄文時代以来の日本文明の独創的発展と日本的情緒の熟成などを、正しく理解して頭の片隅に置いておくことは、今後の持続的共生社会の構築にあたってわが国が主導的役割を果たすうえでも、たいへん重要なことであると考えます。

日本海そのものがどこかへ消失してしまうことは、当面ないでしょう。しかし、海水の化学組成や気象・海象条件といった日本海の内実は、人間活動の影響で、日々確実に、少しずつ変化しています。ぼくたちは、この日本海の環境をできるだけ守り、次の世代へと大切に引き継いでいく責務を担っています。

4－3節で、日本海の形成が絶妙のタイミングで起こり、ほどよい大きさの日本海がぼくたちの祖先のために用意されていたことのふしぎさについて書きました。この発想は、実はぼくのオリジナルではありません。すでに何人もの先輩諸氏が、同じことを考え、書き記していらっしゃいます。

本書を執筆しているさなかには、あまり意識していなかったのですが、初稿を推敲《すいこう》しながら関連する書籍を読み返すうちに、「ああ、この本で読んだのか」「あれ、ここにもある」と記憶力のなさを嘆くことしばしばでした。

たとえば、地震学者・地球物理学者の島村英紀《しまむらひでき》による『日本海の黙示録』（1994年）のなかには、以下のような一節があります。

「日本にとってこれほどかかわりが深い日本海だが、じつは太古の時代には影も形もなかった。

日本海とは、地球の歴史から見れば、あとから生まれた新しい海なのである。日本海と日本との強いつながりは、日本海がなぜ生まれ、どうしてこの大きさになって今に至ったのか、を抜きにしては考えられないものだ。

もし日本海が、あと一〇倍も大きかったら、つまり日本が大陸からあと一〇倍遠かったら、わが日本は絶海の孤島として、まったく違った歴史を辿ったはずである。

もちろん日本海がなかったり、あるいは、あったとしてもいまの一〇分の一の大きさだった場合も、やはり日本の歴史は根本的に異なっていただろう。日本は大陸の一部だったゆえに、あるいは大陸からあまりに近いがゆえに独自には成り立ち得なかった、つまり日本そのものがなかったかも知れないのである」

オーロラ研究の世界的権威である赤祖父俊一《あかそふしゅんいち》は、エッセイ「日本海から思うこと」(日本海学推進会議編、『日本海学の新世紀』、2001年)のなかで、以下のように述べています。

「日本海は日本という国にとって、どのくらい大切であるか、歴史的には、もし日本海がなかったら大陸からの侵略で、日本という国は現在存在していないかもしれない。あったとしても想像もできないほど変わったものになっていたであろう。地球科学的にも日本海の恩恵は想像を絶するものではないかと思う。おそらく、いちばんおもしろいのは、日本海はなかったとして、すなわち日本海の部分が大陸であったとしてコンピューター・シミュレーションをしてみればその恩恵がよく分かるのではないか。著者が想像するに、日本海の部分は砂漠になっていたかもしれない。そして、冬期には零下五十度の北極気団がこの大陸を渡ってきたかもしれない。すなわち、日本海は大陸の寒気団から日本を守っていてくれるのである。具体的には、大陸気団が日本海を渡っているとき、温かい海水に接し、そこで得た水蒸気を雪や雨として日本海の海岸、日本列島の背骨となる山脈に運んでくる。これがなければ秋田、新潟、富山などで米はとれないであろう」

さらに、以下はジャーナリストの櫻井よしこの著作『日本人の美徳』(2008年)からの一節です。

「世界地図で日本を見た時に、私は、『太陽にとっての地球が、地球にとっての日本だ』と思うことがあります。

太陽系の中で、地球が地球でありうるのは太陽からの位置と距離ゆえです。太陽からほどほどに離れているため、焼き尽くされもせず、冷え切りもせず、加えて木星や土星が、激突してくる巨大隕石に対する盾の役割を果たしてくれるため、地球環境が保たれているわけです。地球の中の日本は、ユーラシア大陸からほどほどに離れ、遠くもなく近くもなく、そして四囲《しい》を豊かな海に囲まれている。本当に恵まれた地理条件のところにあると思います」

ぼくの限られた読書経験の中ですら、こうして何人もの人たちが日本海の重要性に触れ、大切な海であることを力説しています。ぼくの知らない多くの書物の中にも、きっと同じような記述があるのでしょう。たいへん心強いことです。

ところで、本書に取り組み、完成させるにあたっては、東京大学「海洋アライアンス」による二つの活動が大きな力になりました。

その一つは、日本海をテーマとする大きな公開事業を、日本財団および環日本海環境協力センター（NPEC）と共同で、一般向けに2回開催したことです。まず、2013年7月10～16日に、公開講演会「日本海：小さな海の大きな恵み」を東京の日本橋三越本店で実施しました。学術シンポジウムとトークショーを中心に、パネル展示や日本海物産展も合わせて行いました。

ぼくは企画全体のとりまとめに関わり、同僚の木村伸吾《きむらしんご》教授や山本光夫《やまもとみつお》特任准教授らの協力を得て、準備と実施に奔走しました。ぼく自身もトークショーの一つ「もしも日本海が存在しなかったら？」を担当し、日本海のふしぎさや面白さを一般の方々にご紹介しました。

続いて2014年3月1日には、NPECの吉田尚郁《よしだたかふみ》さんたちの協力を得て、日本海に面する富山県富山市「サンシップとやま」に場所を移し、シンポジウム「日本海～秘められた可能性」を開催しました。

これらの公開イベントへの入場者は延べ数百名に及び、日本海に関心をもつ方々のたいへん多いことをあらためて実感しました。この高揚を一過性のものとせず、内容の一部でも記録として残せないかと感じたことが、本書に取り組んだ直接の動機です。本書の随所に、シンポジウムでの議論や、トークショー・パネル展示での質疑応答などが活かされています。このイベントに参加され、議論に加わってくださったみなさまに、あらためて御礼申し上げます。

もう一つの活動とは「出前授業」です。海洋アライアンスは、その普及活動の一環として、全国の小・中・高等学校からの要望に応じて出前授業を実施しています。ぼくのところにもたまにお声がかかるのですが、2015年は二つの中学校から日本海に関する授業の依頼をいただきました。

一つは7月14日、日本海の見える石川県能登町立小木中学校から、もう一つは11月28日、東京都八王子市立横山中学校からです。小木中学校では「驚異の日本海：その過去と現在」、横山中学校では「日本海とはどんな海だろうか？」のタイトルで、それぞれ約1時間の授業を行いました。

それまで、中学生のみなさんに日本海の話をしたことは一度もありませんでした。日本海の素晴らしさや大切さをどうしたらうまく伝えられるか、あれこれ頭をひねり、本書に載せた図も多数使用して授業を行いました。小木中学校の全校生徒のみなさん（46名）と、横山中学校2年生のみなさん（167名）は終始、熱心にぼくの話に耳を傾けてくださり、たくさんの質問を寄せてくれました。ほんとうに嬉しく思いました。
この充足感が、本書を最後まで書き上げる気力をぼくに与えてくれたと思います。生徒のみなさんにはもちろんのこと、それぞれの中学校でお世話してくださった教職員のみなさま、教育委員会のみなさまに厚く御礼申し上げます。

本書の細部の執筆に際しては、多くの単行本や論文から有益な情報を得ました。可能なかぎり巻末の「引用・参考文献一覧」に掲載しましたが、雑誌等に掲載された総説記事等はあまりに件数が多いため、一部を割愛させていただいたことをお許し願います。
講談社ブルーバックス編集部の倉田卓史氏と、東京大学・海洋アライアンス上席主幹研究員の保坂直紀博士は、本書の企画段階から相談に乗ってくださり、倉田氏からは粗原稿に対して多くの助言や指摘をいただきました。ここに深く感謝いたします。

2016年2月吉日

蒲生　俊敬

松本良・奥田義久・青木豊(1994):『メタンハイドレート』,日経サイエンス社

溝口優司(2011):『アフリカで誕生した人類が日本人になるまで』,ソフトバンク新書

森浩一編(1983):『シンポジウム・古代日本海文化』,小学館

山田吉彦(2012):『驚いた！ 知らなかった日本国境の新事実』,実業之日本社

読売新聞北陸支社編(2015):『北陸から見た日本史』,歴史新書,洋泉社

単行本(洋書)(著者名アルファベット順)

Broecker, W. S. (2010) : *The Great Ocean Conveyor*, Princeton University Press

Broecker, W. S. and Peng, T-H. (1982) : *Tracers in the Sea*, Eldigio Press

Defant, A. (1961) : *Physical Oceanography* (Vol. I), Pergamon Press

Horibe, Y. (1981) : *Preliminary Report of the Hakuhō Maru Cruise KH-77-3* (*Pegasus Expedition*), Ocean Research Institute, University of Tokyo

Japan Meteorological Agency (1971) : *The results of marine meteorological and oceanographical observations*, No.46

The Oceanography Society (2006) : Special issue on the Japan/East Sea, *Oceanography*, Vol. 19, No. 3

谷井建三(2015)：『船ヲ解剖スル —— 谷井建三原画の世界』, 日本郵船歴史博物館企画展図録

谷井建三画・谷井成章解説(2010)：『日本の船 —— 海から見た日本史』, 昭和31年卒(第8回), 魚高八窓会

堤之恭(2014)：『絵でわかる日本列島の誕生』, 講談社

帝京大学地名研究会(田邉裕, 谷治正孝, 滝沢由美子, 渡辺浩平)編(2010)：『地名の発生と機能　日本海地名の研究』, 帝京大学地名研究会

東京大学大気海洋研究所50周年記念事業準備委員会編(2013)：『東京大学大気海洋研究所50年史　1962-2012』, 東京大学大気海洋研究所

中野美代子(2015)：『日本海ものがたり——世界地図からの旅』, 岩波書店

日本海学推進会議編(2001)：『日本海学の新世紀』, 角川書店

日本海学推進機構編(2008)：『日本海・過去から未来へ(日本海学の新世紀8　総集編)』, 角川学芸出版

能田成(2008)：『日本海はどう出来たか(叢書・地球発見12)』, ナカニシヤ出版

ハンチントン.S.／鈴木主税訳(2000)：『文明の衝突と21世紀の日本』, 集英社新書

日高孝次(1968)：『海洋学との四十年』, 日本放送出版協会

藤岡換太郎・平田大二編著(2014)：『日本海の拡大と伊豆弧の衝突』, 有隣新書

藤田富士夫(1990)：『古代の日本海文化』, 中公新書

牧野隆信(1979)：『北前船の時代 —— 近世以後の日本海海運史』, 教育社歴史新書

NHKスペシャル「日本人」プロジェクト編(2001):『日本人はるかな旅・第3巻「海が育てた森の王国」』, 日本放送出版協会

加藤一郎著者代表(1972):『海(東京大学公開講座15)』, 東京大学出版会

蒲生俊敬編著(2014):『海洋地球化学』, 講談社

蒲生俊敬・竹内章編(2006):『海の力(日本海学の新世紀6)』, 角川書店

環境省(2014):「IPCC第5次評価報告書の概要 —— 第1作業部会(自然科学的根拠)」

北原多作(1921):『海洋研究　漁村夜話』, 大日本水産会

小泉格編(2003):『循環する海と森(日本海学の新世紀3)』, 角川書店

小泉格(2006):『日本海と環日本海地域 —— その成立と自然環境の変遷』, 角川学芸出版

国立天文台編(2009):『理科年表』, 丸善

小林忠雄編訳(1988):『ラペルーズ世界周航記　日本近海編』, 白水社

小林道憲(2006):『古代日本海文明交流圏 —— ユーラシアの文明変動の中で』, 世界思想社

櫻井よしこ(2008):『日本人の美徳 —— 誇りある日本人になろう』, 宝島社新書

島村英紀(1994):『日本海の黙示録』, 三五館

須田晥次(1933):『海洋科学』, 古今書院

平朝彦(1990):『日本列島の誕生』, 岩波新書

高瀬重雄(1984):『日本海文化の形成』, 名著出版

宇田道隆(1934):日本海及び其の隣接海區の海況，水産試験場報告，5, 57-190.

Zhang, J. and Satake, H. (2003): The chemical characteristics of submarine groundwater seepage in Toyama Bay, Central Japan, in: *Land and Marine Hydrogeology* (ed. by Taniguchi, M. *et al.*), Elsevier, 45-60.

単行本(和書)(著者名五十音順)

安達裕之(1998):『日本の船　和船編』，日本海事科学振興財団　船の科学館

石井謙治(1995a):『ものと人間の文化史　76-Ⅰ　和船Ⅰ』，法政大学出版局

石井謙治(1995b):『ものと人間の文化史　76-Ⅱ　和船Ⅱ』，法政大学出版局

石井謙治監修(2002):『日本の船を復元する――古代から近世まで』，学習研究社

印東道子編(2012):『人類大移動――アフリカからイースター島へ』，朝日選書

宇田道隆(1941):『海の探求史』，河出書房

宇田道隆(1971):『海に生きて――海洋研究者の回想』，東海大学出版会

宇田道隆(1978):『海洋研究発達史(海洋科学基礎講座補巻)』，東海大学出版会

梅原猛・伊東俊太郎監修(1993):『海・潟・日本人　日本海文明交流圏』，講談社

大場忠道(1983):最終氷期以降の日本海の古環境, 月刊地球, 5, 37-46.

Oba, T. *et al.*(1991): Paleoenvironmental changes in the Japan Sea during the last 85,000 years. *Paleoceanography*, 6, 499-518.

Senjyu, T. *et al.*(2002): Renewal of the bottom water after the winter 2000-2001 may spin-up the thermohaline circulation in the Japan Sea. *Geophysical Research Letters*, 29, doi: 10.1029/2001GL014093.

Senjyu, T. *et al.* (2005) : Deep flow field in the Japan/East Sea as deduced from direct current measurements. *Deep-Sea Research II*, 52, 1726-1741.

Stuiver, M., Quay, P. D. and Ostlund, H. G. (1983) : Abyssal water carbon-14 distribution and the age of the world oceans. *Science*, 219, 849-851.

須田晥次(1932) : 日本海の底層水に就いて(豫報), 海洋時報, 4 (1), 221-240.

多田隆治(1995):日本とアジア大陸を結ぶ最終氷期の陸橋, 講座:文明と環境, 第10巻「海と文明」(小泉格・田中耕司編), 朝倉書店, 31-48.

多田隆治(1997) : 最終氷期以降の日本海および周辺域の環境変遷, 第四紀研究, 36 (5), 287-300.

Talley, L.D. *et al.* (2003) : Deep convection and brine rejection in the Japan Sea. *Geophysical Research Letters*, 30 (4), doi : 10.1029/2002GL016451.

Talley, L.D. *et al.* (2006) : Japan/East Sea water masses and their relation to the sea's circulation. *Oceanograhy*, 19 (3), 32-49.

角皆静男(1981) : 太平洋および大西洋深層水の年令決定法とその応用, 地球化学, 15, 70-76.

蒲生俊敬(2013)：出雲文化を育んだ日本海とはどのような海か，現代思想，41 (12月臨時増刊号)，総特集出雲(三浦佑之責任編集)，216-221.

Gamo, T. *et al.* (2014) : The Sea of Japan and its unique chemistry revealed by time-series observations over the last 30 years. *Monographs on Environment Earth and Planets*, 2 (1) , 1-22.

Kim, K-R. *et al.* (2002) : A sudden bottom-water formation during the severe winter 2000-2001 : The case of the East/Japan Sea. *Geophysical Research Letters*, 29, doi : 10.1029/2001GL014498.

小泉格(1995)：日本近海の海流系は脈動していた，講座：文明と環境，第1巻「地球と文明の周期」(小泉格・安田喜憲編)，朝倉書店，62-77.

工藤崇・小笠原正継(2009)：地質情報展2008あきた／秋田の地質「秋田の大地を形作るもの」，地質ニュース，658，18-20.

Kumamoto, Y. *et al.* (2008) : Temporal and spatial variations of radiocarbon in Japan Sea Bottom Water. *Journal of Oceanography*, 64, 429-441.

松井裕之，多田隆治，大場忠道(1998)：最終氷期の海水準変動に対する日本海の応答，第四紀研究，37，221-233.

Minami, H., Kano, Y. and Ogawa, K. (1999) : Long-term variations of potential temperature and dissolved oxygen of the Japan Sea Proper Water. *Journal of Oceanography*, 55, 197-205.

森浩一(1993)：古代日本海文化と潟港，「海・潟・日本人　日本海文明交流圏」(梅原猛・伊東俊太郎監修)，講談社，9-35.

Nitani, H. (1972) : On the deep and bottom waters in the Japan Sea, in : *Researches in Hydrography and Oceanography* (ed. by Shoji, D.), Hydrographic Department, 151-201.

引用・参考文献一覧

学術論文・総説（著者名アルファベット順）

Bintanja, R. *et al.* (2005) : Modelled atmospheric temperatures and global sea levels over the past million years. *Nature*, 437, 125-128.

Danchenkov, M. A. *et al.* (2006) : A history of physical oceanographic research in the Japan/East Sea. *Oceanography*, 19 (3) , 18-31.

Gamo, T. and Horibe, Y. (1983) : Abyssal circulation in the Japan Sea. *Journal of the Oceanographical Society of Japan*, 39, 220-230.

Gamo, T. *et al.* (1986) : Spacial and temporal variations of water characteristics in the Japan Sea bottom layer. *Journal of Marine Research*, 44, 781-793.

蒲生俊敬（1995）：日本海の底層循環, 科学, 65, 316-323.

Gamo, T. (1999) : Global warming may have slowed down the deep conveyor belt of a marginal sea of the northwestern Pacific: Japan Sea. *Geophysical Research Letters*, 26, 3137-3140.

Gamo, T. *et al.* (2001) : Recent upward shift of the deep convection system in the Japan Sea, as inferred from the geochemical tracers tritium, oxygen, and nutrients. *Geophysical Research Letters*, 28, 4143-4146.

Gamo, T. (2011) : Dissolved oxygen in the bottom water of the Sea of Japan as a sensitive alarm for global climate change. *Trends in Analytical Chemistry*, 30, 1308-1319.

【ま行】

【や行】

【ら行】

【な行】

【は行】

さくいん

【人名】

【アルファベット】

【あ行】

N.D.C.452　204p　18cm

ブルーバックス　B-1957

日本海《にほんかい》　その深層《しんそう》で起《お》こっていること

2016年 2 月20日　第1刷発行
2016年 7 月 8 日　第4刷発行

著者　蒲生俊敬《がもうとしたか》
発行者　鈴木　哲
発行所　株式会社講談社
〒112-8001 東京都文京区音羽2-12-21
電話　出版　03-5395-3524
販売　03-5395-4415
業務　03-5395-3615
印刷所　（本文印刷）慶昌堂印刷株式会社
（カバー表紙印刷）信毎書籍印刷株式会社
製本所　株式会社国宝社

ISBN978－4－06－257957－5

発刊のことば

科学をあなたのポケットに

二十世紀最大の特色は、それが科学時代であるということです。科学は日に日に進歩を続け、止まるところを知りません。ひと昔前の夢物語もどんどん現実化しており、今やわれわれの生活のすべてが、科学によってゆり動かされているといっても過言ではないでしょう。

そのような背景を考えれば、学者や学生はもちろん、産業人も、セールスマンも、ジャーナリストも、家庭の主婦も、みんなが科学を知らなければ、時代の流れに逆らうことになるでしょう。

ブルーバックス発刊の意義と必然性はそこにあります。このシリーズは、読む人に科学的に物を考える習慣と、科学的に物を見る目を養っていただくことを最大の目標にしています。そのためには、単に原理や法則の解説に終始するのではなくて、政治や経済など、社会科学や人文科学にも関連させて、広い視野から問題を追究していきます。科学はむずかしいという先入観を改める表現と構成、それも類書にないブルーバックスの特色であると信じます。

一九六三年九月

野間省一

ブルーバックス　宇宙・天文・地学関係書（I）

1380 新装版　四次元の世界　都筑卓司
1388 新装版　タイムマシンの話　都筑卓司
1390 熱とはなんだろう　竹内　薫
1394 ニュートリノ天体物理学入門　小柴昌俊
1414 謎解き・海洋と大気の物理　保坂直紀
1484 単位171の新知識　星田直彦
1487 ホーキング　虚時間の宇宙　竹内　薫
1499 マンガ　ホーキング入門　J・P・マッケボイ　オスカー・サラーティ＝画　杉山　直＝訳
1510 新しい高校地学の教科書　杵島正洋　松本直記＝編著　左巻健男
1576 富士山噴火　鎌田浩毅
1628 国際宇宙ステーションとはなにか　若田光一
1638 プリンキピアを読む　和田純夫
1639 見えない巨大水脈　地下水の科学　日本地下水学会　井田徹治
1659 地球環境を映す鏡　南極の科学　神沼克伊
1667 太陽系シミュレーター　Windows7/Vista対応版　DVD-ROM付　SSSP＝編
1670 森が消えれば海も死ぬ　第2版　松永勝彦
1687 宇宙の未解明問題　R・ハモンド　大貫昌子＝訳
1697 インフレーション宇宙論　佐藤勝彦
1713 太陽と地球のふしぎな関係　上出洋介
1716 「余剰次元」と逆二乗則の破れ　村田次郎
1721 図解　気象学入門　古川武彦／大木勇人
1722 小惑星探査機「はやぶさ」の超技術　「はやぶさ」プロジェクトチーム＝編　川口淳一郎＝監修
1723 宇宙進化の謎　谷口義明
1728 ゼロからわかるブラックホール　大須賀　健
1731 宇宙は本当にひとつなのか　村山　斉
1742 マンガで読む　タイムマシンの話　秋鹿さくら＝マンガ　銀杏社＝構成　ビバマンボ
1745 4次元デジタル宇宙紀行Mitaka　DVD-ROM付　小久保英一郎＝監修
1749 データで検証　地球の資源　井田徹治
1751 低温「ふしぎ現象」小事典　低温工学・超電導学会＝編
1756 山はどうしてできるのか　藤岡換太郎
1762 完全図解　宇宙手帳　（宇宙航空研究開発機構）＝協力　渡辺勝巳／JAXA
1775 地球外生命　9の論点　立花　隆／佐藤勝彦ほか　自然科学研究機構＝編
1778 図解　台風の科学　上野　充／山口宗彦
1798 ヒッグス粒子の発見　イアン・サンプル　上原昌子＝訳
1799 宇宙になぜ我々が存在するのか　村山　斉
1804 海はどうしてできたのか　藤岡換太郎
1806 新・天文学事典　谷口義明＝監修
1824 日本の深海　瀧澤美奈子
1827 大栗先生の超弦理論入門　大栗博司
1834 図解　プレートテクトニクス入門　木村　学／大木勇人
1836 真空のからくり　山田克哉